JN155447

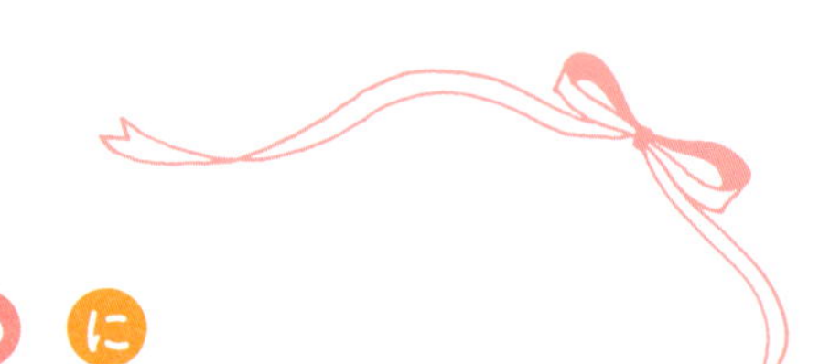

はじめに

ふわふわ〜♥　愛くるしい子うさぎさんたち。
これから、新しい飼い主さんのもとへ行き、
大切にしてもらうことでしょう。

うさぎは、大人になってもさほど大きくなりません。
成長期を終えて、おじいさん・おばあさんになっても、
ぬいぐるみのようにキュートなまま。

でも、うさぎだって生きもの。
いろいろな気持ちを抱えています。
そして、その気持ちを「うさ語」として、
わたしたちに発信してくれているのです。

もちろん、「うさ語」は人間のようなコトバではありません。
しぐさや表情、行動、寝姿……etc.
いろいろなところに、「うさ語」が隠れています。

うさぎが小さな体で発している「うさ語」を読み取れたら、
素敵だと思いませんか？
彼らからのメッセージを受けとれるようになれば、
今よりもっともっと密なコミュニケーションを育めるはず！

『うさ語辞典』は、
そんなうさぎからのメッセージを読み取るヒントを
たくさん詰めこんだ本です。
ぜひ、愛うさぎを観察しながらページをめくってみて！
きっと新たな“気づき”があるはずです。

うさ語辞典

CONTENTS

しぐさを読み取ろう 51

寝姿を観察してみよう 65

行動をチェックしよう 73

CONTENTS

ミニコラム

スペシャルうさコラム

ウサギモン

モキュ様のお言葉

本編がはじまる前に、SNSで大人気の
「モキュ様」の特別グラビアをご堪能あれ♥
うさ語を読み取るコツ、モキュ様が教えてくれる！……かも？

写真提供：Imai tomoko

ぬくぬく♪

うさ語？
見てればわかるでしょっ

くりくりおめめに短いお耳。
おにぎり型のお顔と、小さなボディ。
そんなモキュ様が全身で発信する
「うさ語・モキュ ver」は、
じいっと見ていればわかる……かな？

たとえばこの写真は、
何かに興味を
もっているとき！

お次は、
まったりしているとき！

……からの、決めポーズ★
モキュ様は、オンとオフが
はっきりしているのです。
つまり、マイペースってこと！

ふむふむ、なるほど。
しっかり観察して、
きちんと向き合いなさいって
ことだよね？
モキュ様のお言葉、ちょっぴり
わかったかも……！

モキュ様の最新情報はここをcheck！

instagram : @moqsama
Twitter : moqsama
Facebook : https://m.facebook.com/moqsama/
Youtube : https://youtube.com/user/MrSuperMOQ
ブログ : http://ameblo.jp/moqsama/
ネットショップ : http://moq2factory.base.ec/

はじめの
予備知識
7か条

うさぎという動物を理解して、
うちの子の言葉が
理解できるようになろう！

うさぎは感情表現をする動物だと知る

うさぎにももちろん感情があると理解しよう

うさぎの気持ちを理解するのに、いちばん大切なことは、実は人間の心構え。まずは、

- **うさぎには感情表現がある**
- **うさぎは人をちゃんと見極めている**
- **うさぎは感受性が優れている**

という3つのことを、きちんと知ってほしいと思います。

当たり前のことに思うかもしれませんが、本当にこれらのことを理解できているでしょうか？　うさぎも人間と同じように感情をもった動物だということがきちんと理解できていれば、うさぎの感情が「好き」「うれしい」という（飼い主さんにとって）良いものばかりではなく、「嫌い」「あっち行って」といった感情も表現して当然だと受け止めることができるはず。この3つのことを理解したうえで、その子自身をどういうふうに見るか、そうした判断力を養っていってほしいと思います。

鳴かない分、全身で気持ちを伝えてきます

本来は感情豊かな動物なのに、「感情がわかりづらい」といわれてしまううさぎ。その原因は、人とコミュニケーションの方法がまったく異なることにあるようです。人は言葉や声をコミュニケーションの手段にしますが、うさぎは鳴かないためボディーランゲージで表します。例えば、私たち人間が言葉が通じない外国に出かけたとします。言葉が通じないかわりに身振り手振りで意思表示をして、それが通じたときにはとてもうれしいですよね？うさぎたちも、同じように通じたらうれしいのです。伝わっていると実感すれば、どんどん意思を出してくるし、それだけどんどんうさぎの気持ちがわかりやすくなります。そうして、送信と受信がうまくいくと、相乗効果でものすごく関係が深まります。人間どうしのコミュニケーションと同じように、「あの人はどうせわからない人だ」と思えば、意思も感情も出さなくなってしまいます。

予備知識 その2

「いつもどおり」が安心&幸せ

安全なら気持ちよく いつもと違えば不安に

うさぎの幸せは、一日を平和に何事もなく過ごすこと。野生では捕食される立場だったうさぎにとって、日常何事も起こらず、「いつもどおり」が安全安心で、何より幸せなことなのです。

その逆で、「いつもと違う」という変化があれば、それは「警戒」に当たり、幸せな気持ちはどこかへと行ってしまいます。野生であればちょっとした変化が命取りにつながるため、人間から見ると大した変化に見えなくても、うさぎにとってはちょっといつもと違えばとたんに落ち着かなくなってしまいます。

「変化」は、例えば、飼い主さんの態度の変化や飼い主さんの気持ちの変化も含みます。飼われている動物は、ごはんも安全も飼い主さんを頼りにしなくてはならず、その飼い主さんの様子には常に敏感にならざるを得ません。飼い主さんが落ち込んでいたり、子どもが生まれてうさぎのお世話の時間が減ったり、そのような変化でも不安になってしまうようです。

また、うさぎは音に敏感で、遠くの工事の音やバイクの音など聞きなれない音で不安になる場合もあります。何もないのに突然パニックになるのは、そのような聞きなれない音が原因の可能性があります。

うさぎの基本心理

安全

いつもと同じ

安心だな～

リラックス

- 飼い主さんの気持ちの変化
- 家族構成の変化
- 住居の変化／模様替え
- 工事の音、バイクの音
- 気温、季節の変化
- うさぎ自身の体の変化（発情・換毛）

変化

いつもと違う！？

警戒

予備知識 その3

要求は「食」と「性」に起因する

うさぎという種を残すことを重要視する理由

食欲は「生きる」ことにつながり、性欲は「子孫を残す」ことにつながり、どの動物ももつものです。

特に、うさぎは性へのこだわりが強い動物です。それには、自然界の立場（階層）が関係しています。

肉食動物
雑食動物
草食動物

肉食動物＝子どもを産む数が少ない
雑食動物＝子が多い種と少ない種がいる
草食動物＝子だくさん

肉食動物の猫を例にとると、猫は年に数回発情期を迎え、1回の出産で産む子の数は1～8匹くらいです。雑食動物の犬は、やはり年に数回発情期があり、1回の出産で産む子の数は2～5匹くらい。人間が出産をコントロールしているせいもありますが、それほど多くは産みません。しかし、同じ雑食動物のねずみは、「ねずみ算」という言葉があるくらい多産の動物です。そして、草食動物のうさぎは、オスは1年中発情していて繁殖ができる状態です。メスは交尾をすれば100％の確率で1か月後に子どもを産みます。

自然界での立場が弱ければ弱いほど、それだけ死んでしまう数も多いため、子どもを多く残したい気持ちが強くなります。そして、このことがうさぎの性格にも少なからず影響を及ぼしています。自然界での立場が弱いうさぎという種は、自らが長生きをして子孫を残すことより、うさぎという種を残していくことを役割としています。そのため、一個体が何が何でも生きようとするような「我」が強くはないといえます。代わりに「性」への思いは強く、そのために人にもなつきやすいのです。

食欲も、子孫を残すことに起因している

性の欲求と同じく、食の欲求が強いうさぎ。それは、「ごはんを満足に食べて、子孫をしっかり残したい」という本能からくるものでもあります。栄養の少ない草を食べて体を維持していかなければならないので、うさぎは常に食べていなければなりません。また、低い栄養をエネルギーにすることができる体のつくりをしています。うさぎの食の仕組みは、このように人間ともほかの動物とも異なるものですが、飼われているうさぎは与えられるアイテムによって食のトラブルを抱えがちです。牧草が体によいはずでも、野菜や果物など人間からもっとおいしいものが出てくれば、好き嫌いも出てきてしまいます。うさぎ自身は、今おいしいものが食べられればそれでよく、先々の自分の体のことなど考えたりはしません。しかし、飼い主さんが健康で長生きしてほしいと考えるのであれば、食の選択はうさぎ任せにせず、きちんと飼い主さんが主導権を握るようにしましょう。

COLUMN

うさぎはフェロモンを察知する器官が丸出し

動物はフェロモンを嗅いで、交尾相手を探します。そのフェロモンを感知する器官が、犬や猫は鼻腔内にもつのに対して、うさぎは鼻の表面に出ているのです。このことからも、うさぎがほかの動物よりも性を重要視する動物であることがわかるでしょう。このフェロモンのにおいは、食べ物や敵のにおいを嗅ぐ場所とは異なる「鋤鼻器（じょびき）」という場所で感知し、脳内で情報を受け取る場所も異なります。

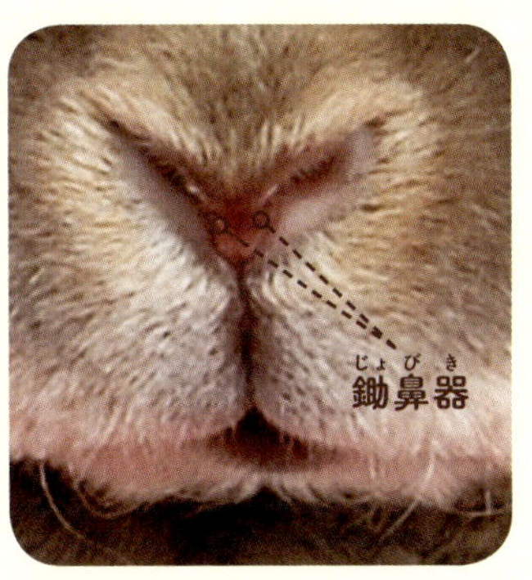

© Takashi C.AOKI.

予備知識 その4

「リーダー」がいる ゆるーい縦社会を築く

リーダーは「ここぞ」というときに現れればよい

うさぎも群れで生きる動物です。その群れにはリーダーもルールも存在しますが、それはとてもゆるいもの。日常特に問題がないときには、うさぎの群れは同等です。けれども、繁殖の時期になると場所をめぐって上下関係ができます。それも、「上位のメスはより危険の少ない丘の上で出産ができるけれど、下位のうさぎは丘の低い位置で出産をする」というような、実はそれくらいのゆるいルールでしかありません。犬のような主従関係を思い描くと、うさぎとの関係はうまくいかないでしょう。

それくらいゆるい縦社会であっても、上位にいることができれば、より良い条件で子孫を残すことができるため、家の中のうさぎも飼い主さんが自分の上にいるのか下にいるのか常に立場を図っているもの。ごはんをくれるからとか、体が大きいからリーダーになりえるかというと、そうではないようです。

ここぞというときに頼りになる、強くて器が大きいリーダーをうさぎたちは求めています。

うさぎにとっての

理想のリーダー像

安全に生活できるようルールを決めてくれる

人間と暮らすためのルールを決めることは、うさぎにとってけっしてかわいそうなことではないよ。むしろ、ルールを決めてきちんとリーダシップを発揮してくれることで、ぼくたちうさぎは安心し、心身ともに落ち着いて過ごせるんだ。ルールを決めて、それに沿って「OK」「ダメよ」って教えてもらいながら、安全に落ち着いて暮らしたいな。

要求（ルール）は少なく単純だとありがたい

ルールは、それぞれの家庭でリーダー（飼い主さん）が決めてOKだけど、あまりにルールが多すぎてもそれはそれで窮屈でイヤだな〜。例えば、「危険な行為は禁止」「人に危害を加えるのはNG」「爪切りなどのお世話は受け入れる」とか「これだけは絶対に必要」という的を絞ったルールにしてもらえると、わかりやすいし助かるんだけど。

リーダーがブレていたり、感情的だとイヤだ

リーダーが決めたルールに従うか従わないかは、うさぎとの関係性と性格次第。イヤだと思えば、反抗してくるのがうさぎというもの。そのときに、飼い主さんが感情的になると、感情と感情のぶつかり合いになってしまうんだ。ルールを要求するときには、そこに感情をのせずに淡々と行うと案外うまくいくものみたい。

とはいえ、そんなに気負わなくてもOK

ルールを決めたら、一貫して通す態度は必要だけど、常に「絶対に従って」だとリーダーも疲れちゃう。抱っこしようとして、うさぎに逃げられてしまう日もきっとあるはず。そんなときは、しつこくうさぎにプレッシャーをかけず「そんな日もあるよね」という態度もときには必要かも。それがリーダーの器につながるよ。

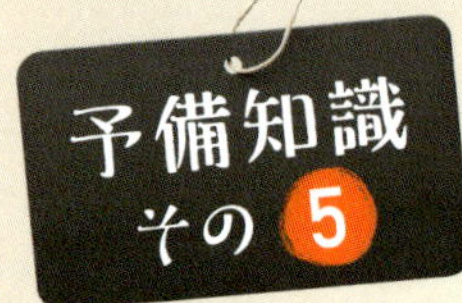

わがままで自己主張が強い

「わがまま」も受け取り方次第で変化するもの

本来動物は主張をしなければ生きていけないので、自己主張が強いのは当たり前。人間から見ると「わがまま」に見えても、うさぎにとっては「ケージから出たい」「おやつちょうだい」というシンプルな欲求にすぎません。うさぎは、何となく優しい動物だと思われているため、そのギャップによけいに驚く飼い主さんが多いのかもしれません。

なかには、自己主張の激しくないうさぎもいるかもしれませんが、主張がないからといって要求がないとは限りません。内に秘めているのかもしれませんし、「この飼い主さんにいっても無駄だ」とあきらめられている場合もあります。

自己主張をするということは、うさぎが飼い主さんに期待をしているということ。受け入れられるものは受け入れたり、受け入れられないものは毅然と「NO」と教えたり、そうしてコミュニケーションを重ねていくことでうさぎとの関係が出来上がっていきます。

予備知識 その6

相手によって伝え方も異なる

相手によって態度も性格も変わる

ケージの広さやうさんぽの回数など、飼養環境の違いでは、それほどうさぎのコミュニケーション能力に影響を及ぼしませんが、飼い主さんの言動によってうさぎの意思表示方法は異なってきます。察しのよい飼い主さんには、うさぎももっと意思表示をしようとしますし、逆の場合もあります。相手によって態度や性格を変えるうさぎは、とっても賢い動物だといえるでしょう。また、飼い主さんのコミュニケーションのしかたによって、うさぎの気持ちも閉じたり開いたりするのです。そして、リアクションもうさぎそれぞれによって異なります。例えば、たくさん話しかけてくれる飼い主さんをよいと思ううさぎもいれば、放っておいてほしいといううさぎもいます。意思をストレートに表示するうさぎもいれば、表に出さないうさぎもいます。同じ人が同じ環境で育てても、同じような性格には育ちません。自分のうちのうさぎをよく見ながら、その子なりの「うさ語」を受け取りましょう。

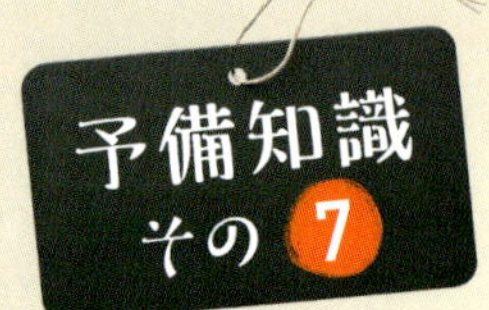

観察力が鋭く、「ウソ」が通じない

感覚機能が優れていて ちょっとした違いもすぐに感づく

うさぎは狙われる立場の動物のため、常に視覚、嗅覚、聴覚などを研ぎ澄まし、いつもと変わったことがないか確認をしています。第六感も発達しているといわれていて、そうした能力が退化している人間はとても敵うものではありません。病院に連れていくとき素知らぬふりをしていても、うさぎが隠れて出てこないとか、「なんでわかっちゃうんだろう？」という経験は飼い主さんであればだれもが覚えがあるのではないでしょうか。

ケージをかじっているうさぎに「ダメよ」と言葉でやめさせようとする場合、言葉が通じるうさぎと通じないうさぎがいます。「ダメよ」が飼い主さんが怒って雰囲気が悪くなる言葉だと理解ができているうさぎには効果がありますが、そうでなければ「ダメ」という意思は伝わりません。言葉が通じるうさぎは、言葉ではなくその音がもつ雰囲気でそれが自分にとってよい音か悪い音かを判断しているにすぎません。

うさぎに 覚えさせやすい言葉

うさぎ自身は名前の必要のない世界に生きていますが、名前と共によいことがあると、音として「よい音」とインプットされ、反応してくれます。名前を呼んで来てくれたら、しっかりなでてあげるのがポイント。

これも、言葉の意味はわかりませんが、イントネーションや雰囲気でよい音か悪い音か判断しています。かわいがっているときにどんどん言葉にしてあげるとよい空気になってうさぎのキモチも↑↑！

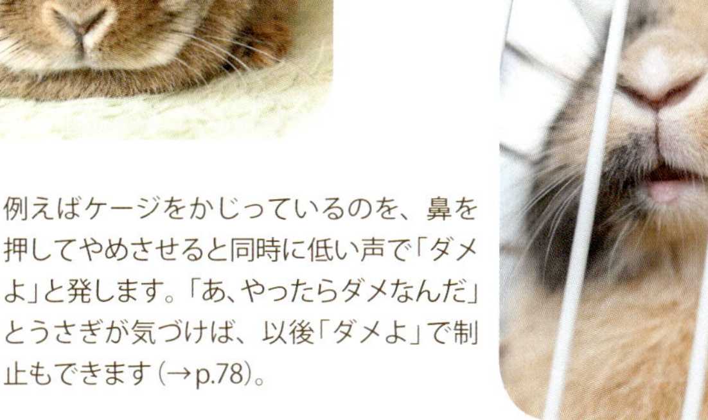

例えばケージをかじっているのを、鼻を押してやめさせると同時に低い声で「ダメよ」と発します。「あ、やったらダメなんだ」とうさぎが気づけば、以後「ダメよ」で制止もできます（→p.78）。

ミニコラム

うさぎの視覚・聴覚・嗅覚

視覚

視野が広く 自分の背後もチェック！

うさぎの目は顔の横についています。これは自分の背後まで見ることができるように。ただし、360度全部が見えるのかというとそうではなく、口元の狭い範囲は実は見えていないのです。おやつを目の前に置いても見失うことがあるのはそのため。口元は嗅覚やひげの触覚を頼りにしています。

視力はあまりよくありませんが、薄暗いところでもものが見えるといわれています。

聴覚

長い耳を自由に動かし 少しの物音でもキャッチ！

うさぎといえば長い耳。この長い耳は集音効果に優れ、ちょっとした物音も感知します。左右で耳の向きを変えることができるため、どこで音がしたのかを探るのに役立ちます。

また、うさぎの耳には多くの血管が通っていて、暑い時期には耳を冷やすことで血液が冷やされ体温を下げる役割もしています。

嗅覚

常にヒクヒク動かし においで情報をキャッチ！

うさぎがにおいを感じ取る嗅細胞は1億個あるといわれていて、さまざまなにおいを嗅ぎ分けることができます。

常に鼻をヒクヒク動かし、敵や食べ物や異性などの情報を鼻で感じ取っているのです。

表情を読み取ろう

うさぎが「無表情」
だなんて、
だれがいったの？

表情のポイントは目！　鼻！　耳！

目と鼻と耳で常に情報収集しているうさぎ

野生では狙われる立場だったため、うさぎは「いつもと変わりはないか」常に周囲の状況把握を怠らない動物。人間に飼われるようになり危険と無縁になった今でも、耳慣れない音がしたり、においがしたりすれば即情報収集モードに。その音やにおいが危険なものではないかどうか、集中して探ろうとするのです。

うさぎの表情読み取りポイントは、情報を集めようと緊張しているのかリラックス中なのかをその表情から読み取れるかどうか。緊張中であれば「大丈夫だよ～」と優しい声をかけて安心させてあげ、リラックス中なら「気持ちいいね～」と共に幸せを感じてあげるとよいでしょう。

目

視力はあまりよくはありませんが、視野が広く自分の後ろまで見えています。何か異常を察知し確認したいことがあると、その目を大きく見開きじっとその場に固まります。

大きく見開いて、異常がないかどうか確認しようとしている。

リラックスしているときには、目を細めます。

鼻

うさぎの情報収集でにおいはとても重要。ものの把握はだいたいにおいでしています。においは分子なので、鼻に吸着させて脳に送ります。においの情報は脳にいちばん早く届くといわれていて、嗅ぎなれないにおいがしたときなどは、情報を脳に送ろうと鼻がヒクヒク素早く動きます。人間も、においを嗅ぐときにクンクンしますが、そうすることで１回１回においがリセットされて新しいにおいを脳に送ることができるのです。それでも嗅ぐのが間に合わないと、うさぎは鼻を前足でぬぐいます。

耳

気になる音がしたほうに耳を向けアンテナのように音をキャッチ。左右別の方向に向けることができます。

垂れ耳うさぎの子も、耳を前に出したり浮かせたりして音をキャッチします。ただし、目より下のほうに耳がついている子は耳を動かすことができません。

【パッチリ】

PACCHIRI

パッチリおめめがかわいいうさぎですが、そんな目でジーッと見つめているときの気持ちは？

うれしい、楽しいときと警戒しているときがある

健康なうさぎの目はパッチリ開いています。さらにうれしかったり楽しかったりすると、自然と目がキラキラ輝きます。そんなパッチリ目で飼い主さんを見つめているときは、「かまって」や「おやつちょうだい」などの要求の場合があります。

また、人や物など見つめている対象に興味を感じている場合もあります。どちらかというと好奇心というよりは警戒の気持ちが強いかもしれません。

楽しい気分のときと警戒しているときの目つきの違いは、耳や姿勢などほかの表情、しぐさと合わせて読み取りましょう。

興味津々

- **何もないところをジッと見る** →p.76
- **飼い主さんをジッと見つめる** →p.108

ウサギモン

Q うさぎはまばたきをしないのに、どうして目が乾かないの？

A うさぎはまったくまばたきをしないわけではなく、5分に1回くらいの頻度でします。野生では狙われる立場のうさぎの目には、閉じなくても乾かない仕組みがあり、まず、涙に油分を多く含み蒸発しにくくなっています。そして第3のまぶたと呼ばれる瞬膜（しゅんまく）（上下のまぶたではなく水平方向に動いて目を保護する膜）が、目を保護しているのです。

【白目をむく】

SHIROME WO MUKU

パッチリ目を通り越し、白目が見えるほど目を見開いているときのうさぎの気持ちは？

表情

白目は、興奮したときや警戒心が高いときのサイン

人が「目を大きく見開く」ときは、驚きや恐怖の気持ちがありますが、うさぎの白目もそれと似ています。急に大きな音がしたり、カメラのフラッシュが光ったりすると、「ハッ」として反射的に目を見開き、白目が見えることがあります。特に臆病なうさぎや子うさぎは、ちょっとしたことに驚いて白目をむきます。人間からすると何もないのに、白目をむいているときには、うさぎにしか感じ取れない何かがあったのです。「危険なことはないな」と状況が把握できればすぐ元に戻るでしょう。

ビビったときの白目は？

体を低くしつつ、前足を出して、いつでも逃げ出せる姿勢です。驚いているときはパニックを起こさせないよう、急な動きは避けて。

【目を細める】

ME WO HOSOMERU

目を大きく開いていることが多いけれど、たまに目が糸のように細くなることが。どんな心境なの？

安心しきっていたり気持ちがよくて平穏な気分

目を細めるのは警戒する必要がなく、リラックスできているから。なでられて気持ちがいいときなどに、目を細めることが多いです。くつろいでいるうちにうとうとして目を細め、そのうち目をつぶって寝てしまうことも……。

ただし、具合が悪くて目を細めてじっとしている場合もあります。ごはんを食べていないようなら、おやつを見せてみて食べるかどうかで体調を判断してみて。

ペアでうっとり

仲よしペアだと、片方がうとうとするとつられてもう片方もうとうとしちゃいます。とっても幸せな気分でいるのでしょう。

【鼻をヒクヒク】

HANA WO HIKUHIKU

小さな鼻を一生懸命動かしている姿はとってもキュート♡　でも、何のためにヒクヒクしているの？

ハイスペックな鼻で周囲の情報をキャッチ

うさぎの鼻にはにおいをかぎ分ける細胞が1億個もあるといわれます。その優れた嗅覚で食べ物、敵、異性のフェロモンなど、さまざまな情報をキャッチ。そのため、鼻をヒクヒク動かす姿がよく見られるのです。

リラックスしているときはゆっくりしたリズムで鼻を動かし、興奮したときなどは激しく速く動かします。1分間に120回動かすこともあるそう。いずれにしろ、鼻をヒクヒクさせているときは情報収集の最中なので、存分に嗅がせてあげて。

鼻でわかる警戒度

ゆっくり

一定のリズムでゆっくり動かすのは、リラックスモード。「危険はなさそうだけど、とりあえず情報収集しておこうかな～」とのんびりした気分。熟睡してしまったときは、鼻の動きは止まります。

速く

高速で鼻を動かすのは、においの分子を素早く脳へ送り、即座に情報分析したいとき。敵の居場所はもちろん、おいしいにおいを嗅ぎつけて「どこにあるの？」というときも鼻の動きが速くなります。

【耳を伏せる】

MIMI WO FUSERU

長い耳を頭にペタッとはりつけるように耳を伏せるのはどんなとき？

体がリラックスすると耳の力も抜けちゃうの

体をだら〜んと伸ばして耳を伏せているのは、くつろいでいるサイン。体の力が抜けると耳も脱力し、倒れてしまうのだと考えられます。

危険！　体を小さくして隠れなくちゃ!!

緊張して、体に力が入った状態で耳を伏せているのは警戒中。体を小さくして敵に見つからないようにしているのです。

【耳ピン】

MIMI PIN

いつもより耳に力が入り、ピーンと垂直に立っていることがあるけれど、どうしたの？

まさに“聞き耳を立てて”いる状態。体温調節も

集中して音を聞きたいときは、耳の根元を持ち上げて耳を立て、レーダーのように音のする方向に向けます。また、暑いときには耳を立て、皮膚表面からの熱の発散を促します。

【耳があっちこっち向く】

MIMI GA ACCHI KOCCHI MUKU

耳だけあちこちに動いているのはどんなとき？

いろいろな音が気になりせっせと情報収集中

うさぎの耳は左右別々に動き、ほぼ全方向からの音を聞き分けられます。体は正面を向いているのに、耳だけあっちこっちに動かすのは、いろいろな方向の音が気になるときです。気になる音の方向に体ごと向けるのは、強い危険を感じたり、相当関心をもったときだけ。たいていは、耳を向けるだけで事足ります。

【耳で目をかくす】

MIMI DE ME WO KAKUSU

耳で目を隠して、「見たくないよ」ってことなのかな？

垂れ耳うさぎは前に耳を動かして音をキャッチ

立ち耳の子が気になる音のする方向に耳を向けるのと同じように、垂れ耳の子も聞きたい音を拾うために耳を前に動かします。耳が、目の高さよりも上についていると、このように前に耳を動かしたり、上に持ち上げたりすることができるのです。

目を隠しているように見えますが、見たくないものがある訳ではありませんよ。

【鳴く】NAKU

うさぎには声帯がないから鳴かないというけれど、いろいろな音を出すみたい。どんな意味があるの？

「ブーッ！」「ブッ！」「ウーッ！」という強い音は、音の印象からもわかるように怒っているとき。「なんだよ？　やるのか!?」と威嚇の意味も含んでいます。こんな鳴き方をするときは相当気が立っているので、うっかり手を出すとうさパンチを繰り出されたり、かみつかれたりすることも。気が鎮まるまでそっとしておきましょう。

「キーッ！」という高音で鋭い音は、人間の「キャーッ!!」という悲鳴と同じ。強いショックを感じたときに出す音です。さらに恐怖を感じてパニックに陥ると、「キーッ！　キーッ！」と叫びながら走り回ることもあります。そんなとき、飼い主さんが慌てると余計に怖がらせてしまうので、ゆっくりした動きを心がけ「なんでもないよ」と安心させてあげましょう。

「プウプウ」と鼻を鳴らすようなやわらかい音を出すのは、うれしいときやごきげんなとき。「プスプス」「ピスピス」という音を出すうさぎもいます。遊んでほしいときや甘えたいときもこの音を出し、「もっとなでて～」「かまってかまって」とアピール。そんなときにたっぷりと遊んであげると、飼い主さんへの愛情が深まります。

鳴き声の聞き分けポイント

音の高さや低さ
長さに注目してみよう

うさぎには声帯はありませんが、鼻から出た空気の音が鳴き声のように聞こえることがあります。出そうと思って出す音ではなく、感情によって自然と出てしまうものです。感情によって呼吸の速度や器官が伸縮したりすることと、出る音とは関係があるようです。

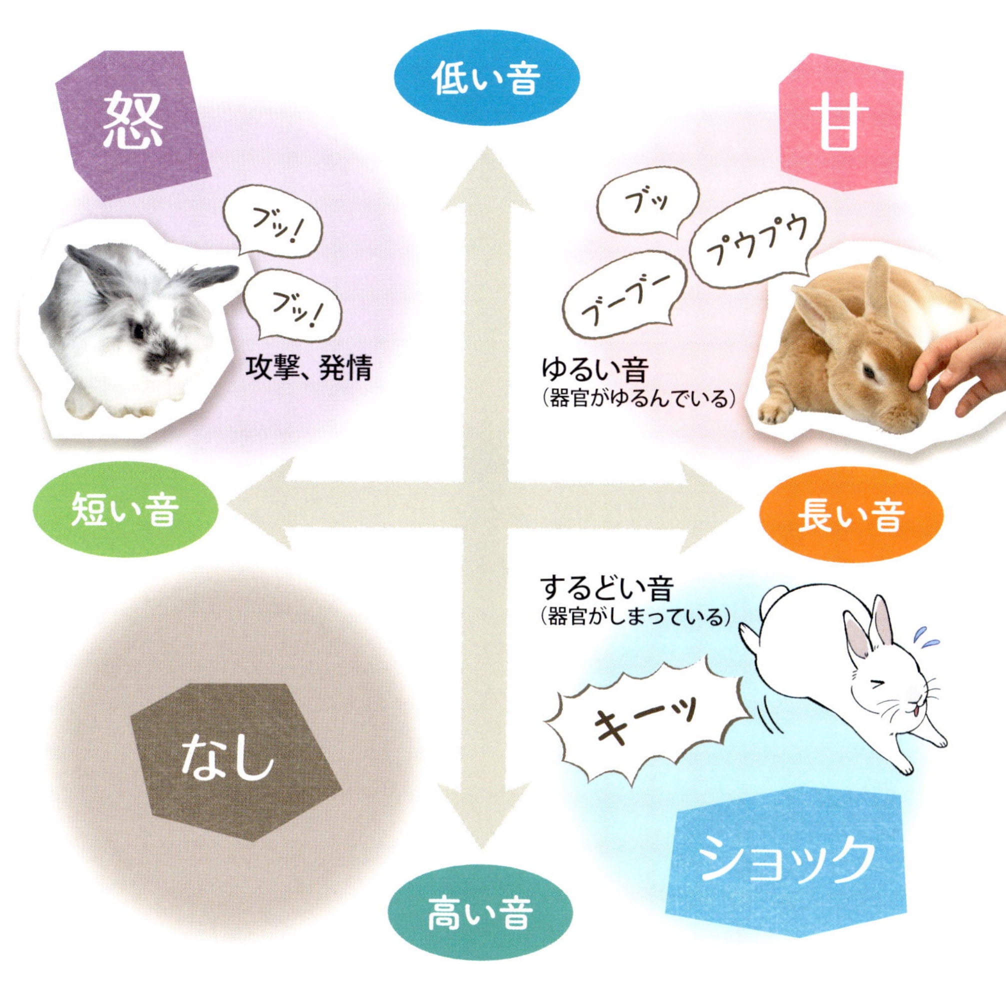

【歯ぎしり】
HAGISHIRI

ショリショリと歯ぎしりをすることがあるけど、寝ているわけではなさそう。どんな気持ち？

気持ちがいいと歯ぎしりしちゃう

ブラッシングやなでているとき、ショリショリ、ゴリゴリ歯を軽く合わせ歯ぎしりをするのは、「そこ、気持ちいいよ～」という意味。とてもリラックスして心地よいのです。猫がゴロゴロのどを鳴らすのと同じ意味。気持ちがよいとき、うさぎの体はあたたかく、柔らかく開いています。真逆の意味もあるので、体勢にも注目しましょう。

注意！ 苦しいときも歯ぎしりをする

辛い、痛い、体に違和感があるときにも歯ぎしりをします。そんなときは、体も固くなっています。

ウサギモン

Q うさぎどうしは**鳴き声**ではなく、どうやって**コミュニケーション**をとるの？

A うさぎは嗅覚がすぐれているので、コミュニケーションもおもに嗅覚で行います。とくに肛門付近にある**鼠径腺**（そけいせん）から出るにおいには、うさぎの「個人情報」が詰まっているので、初対面のうさぎどうしはまずおしりのにおいを嗅ぎ合います。人間に置き換えると名刺交換をしているようなもの。情報を交換した結果、交尾をする対象か、どちらの立場が上か、仲間になれるかなどを判断します。

姿勢から読み取ろう

ボディランゲージから読み取るポイントは？

姿勢ばかりにフォーカスせず前後の状況を含めて考えよう

うさぎは鳴かない分、全身を使って飼い主さんに自分の感情や意思を表現します。そのため、ボディランゲージからうさぎの気持ちを読み取ることは大切になってきますが、姿勢やしぐさなどボディランゲージにだけ注目しても、うさぎの気持ちは正しく読み取ることができません。特に、こうした知識を持っている人ほど、うさぎのあるボディランゲージを目にしたときには、そうした知識をゼロにして目の前の状況をまずは受け止め、前後の状況と合わせて判断をしていくことを心がけましょう。

例えば「うたっち」（→p.46）を例にとっても、「後ろ足で立つ」＝「警戒」とは限りません。飼い主さんの前でうたっちしたときは、「かまって」「遊んで」のサインかもしれません。姿勢だけで気持ちを判断しようとせず、状況を合わせて読み取っていくようにしましょう。

【丸くなる】

MARUKUNARU

前足を体の下に折りたたみ、まん丸の〝うさぎ団子〟なっているときはどんな気分なの？

寝るときはたいてい このポーズをしています

うさぎが前足を体の内側に折りたたんで座る姿は、「箱座り」と呼ばれるポーズ。うさぎが寝るときの基本姿勢です。前足はたたんでいるけれど頭は高い位置にあるので、やや警戒しつつリラックスもしている、という状態です。

寒いときや体調は悪いときもこのポーズをすることがあるので、うさぎの様子をよく観察して見極めることが大切です。

姿勢

【あおむけ】

AOMUKE

あおむけにするととってもおとなしくなり、目を閉じてしまうけど、どうして？

あおむけにされると 意識がなくなります

あおむけにされるとうさぎは急におとなしくなり、眠っているように見えることも。でも気持ちいいわけではなく、催眠状態で意識が遠のいています。うさぎの体に負荷をかけるので、あおむけにするのは、おなかのブラッシングなど必要なときだけにして、短時間で済ませて。

あおむけにされて催眠から覚めると、うさぎは急に動くため、落下事故に十分注意を。

【うたっち】

UTACCHI

二本足で立ち上がって鼻をヒクヒク、耳をピン！
真剣そうに見えるけど何かを探しているの？

姿勢を高くして気になるものを確認中

「うたっち」とは後ろ足で立ち上がったポーズのこと。気になるものがあるときに見られる行動です。

うさぎの基本姿勢は低く、野生では植物や樹木、家の中では家具などによって視界が遮られてしまいます。何か気になる音を感知したり、興味があるものをよく見ようとするときなどは、二本足で立ち上がって遠くまで見渡し、音を広くキャッチ。さらに、鼻をヒクヒクさせてにおいをかぎ、情報を収集しようとします。首をキョロキョロさせることもあるでしょう。立ち耳うさぎの場合は、気になる方向へ耳を向けているのがわかります。

ウサギモン

Q しょっちゅう立つけれど、リラックスできていないの？

A よく立ち上がるうさぎは、「あれ何の音？」「これは何のにおいだろう？」と、いろいろ気になってしまう好奇心旺盛タイプといえます。飼い主さんに向かってうたっちをするときは、「遊んでよ！」「おやつの時間じゃないの？」など、何かをおねだりしていることが多いようです。リラックスしていないわけではないのでご安心を。

【のび～る】

NOBI～RU

体を伸ばしてのび～としているときはとっても気持ちよさそう。リラックスしているの？

のびのびコロンは安心して休憩中

足を投げ出してペタンと座っているのはリラックスモード。後ろ足を崩して横にずらしたり、すぐに立ち上がれない姿勢をしているのはかなりくつろいでいると見てよいでしょう。鼻の動きが止まっていたら眠っているのです。

また、暑い時期にこのように体を伸ばしたかっこうをしていたら、部屋が暑すぎないか確認してください。

● 足を投げ出して寝る →p.67

ケージを自分の巣穴だと思っている子は、ケージに戻ったときは完全にオフモードに切りかわっています。そっとしておいてあげましょう。

【体を低くする】

KARADA WO HIKUKUSURU

急に体を低くしてビクビク。動こうとしないのはなぜ？

危険から逃れるために身を潜めています

野生のうさぎが敵から身を隠したように、なんらかの危険を察知して反射的に身を隠そうとしているのです。実際は隠れていなくても、なにが起こっているのか状況が把握できるまで、動かず身を潜めて気配を消しています。なんでもないことがわかれば元に戻るので、それまで静かに見守りましょう。

怖がっている子には……

この状態のときに手を出すとびっくりしてパニックになってしまうことも。飼い主さんは急に動いたりせず、優しく声をかけてあげましょう。

【へっぴり腰】

HEPPIRIGOSHI

へっぴり腰で恐る恐る近づいているときってどんな気持ち？　何がしたいの？

気になる。でも怖い。微妙な心の表れです

初めて見るものなどに腰が引けるのは、「気になるけどちょっと怖い……」という気持ち。においを確認し、危険がないことがわかれば、元に戻ります。フローリングの上を歩くときはすべってへっぴり腰になってしまいます。マットなどを敷きましょう。常にへっぴり腰なのは脱臼やケガが原因かも。動物病院で相談を。

【何かに寄りかかる】

NANIKA NI YORIKAKARU

壁や家具の足に寄りかかっているのは、疲れちゃったの？

体が何かに触れていると楽だし安心します

「何かに寄りかかると楽」と感じるのは、人間もうさぎも同じ。そして何もない広い場所よりも狭い場所を好むうさぎは、体の一部でも何かにくっついていると安心するようです。もしかしたら、寝てしまっているのかもしれません。飼い主さんの足に寄りかかったり、体の一部がくっついていたりも、同じように落ち着くから。信頼されている証拠でもあります。「安心するね〜」と共感してあげましょう。

足腰が弱ってきたご長寿うさぎは、ケージの網などに寄りかかり、体を支えるようにしていることがあります。

● 寄りかかって寝る →p.70

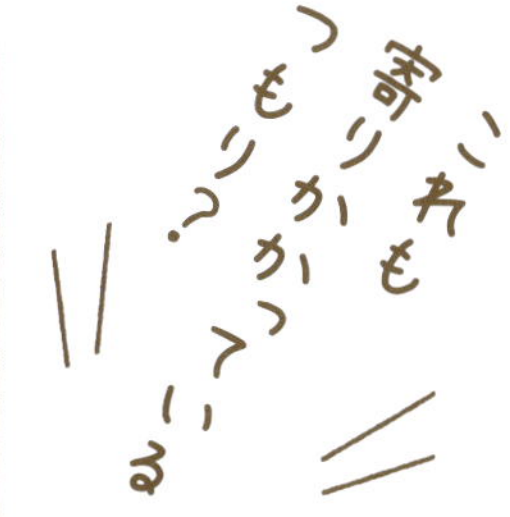

この段差で寄りかかっているつもりというよりも、フローリングと絨毯というように境界が分かれる境界線に沿って寝るのが好きな子が多いようです。

● 何かに沿って寝る →p.71

姿勢

ミニコラム

立ち耳うさぎvs垂れ耳うさぎ

立ち耳うさぎだけじゃない 垂れ耳うさぎも人気急上昇中！

現在、ペットとして飼われているうさぎには 20 近い品種がいます。そして、見た目の特徴で「立ち耳うさぎ」と「垂れ耳うさぎ」とに大きくふたつに分けることができます。一般的に野生に近い立ち耳うさぎはうさぎらしい性格で、人の手で品種改良が重ねられた垂れ耳うさぎは人なつっこいといわれていますが、性格診断は個体によって当てはまらない場合も。

立ち耳うさぎ

代表品種

- ネザーランドドワーフ
- ミニレッキス
- ミニウサギ　など

うさぎのキャラクターといえばだいたい立ち耳だよね！

野生に近い形で、うさぎらしい性格の子が多いといわれているよ。

垂れ耳うさぎ

代表品種

- ホーランドロップ
- アメリカンファジーロップ　など

夏は、耳から放熱できなくて、体が熱くなりやすいんだ。

垂れているけど、耳はちゃんと聞こえているよ。

おっとりした子が多いっていわれています。

しぐさを読み取ろう

しっぽはとっても
正直者なんです

しぐさを読み取るポイントは、足としっぽ！

足やしっぽに テンションや感情が表れる

立ったりといった姿勢もそうでしたが、ボディランゲージはうさぎの気持ちを読み解く手がかりになります。中でも前足や後ろ足、しっぽのしぐさはうさぎの感情がよく表れるところ。

しっぽにはそり上げたり（→p.56）、左右に振ったり（→p.57）といったしぐさがありますが、いずれもテンションが高めのときに見られるしぐさ。テンションが高いといっても、うれしいときばかりとは限りません。「やめてよー」という怒りの感情もまたテンションが高いとか興奮しているときのものです。ここでもまた、しぐさだけから判断するのではなく、前後の状況なども考えながら、うさぎの気持ちを読み取る必要があります。

前足のしぐさ

小さな前足で顔を洗ったり、耳のお手入れをしたり、かわいいしぐさはうさぎ好きさんに人気です。この写真のしぐさ、顔を洗っているように見えますが、鼻のにおいをリセットしているところなのです。

しっぽのしぐさ

しっぽを上げたところに、「鼠経線（そけいせん）」という、フェロモンを発散する臭腺があります。フェロモンは非揮発性で、近くにいないと嗅げませんが、そのにおいは人間でもわかるくらい強烈なもの。いつも興奮している子や発情している子は、しっぽが常に上に立っています。

後ろ足のしぐさ

うさぎの後ろ足は、意外と大きくてしっかりとしています。そこから繰り出される足ダン（→ p.53）は、されると「なんか機嫌悪い？」と心配になってしまいますが、無意識の場合が多いよう。写真のように、後ろ足の爪もキレイにするのは、後ろ足でとった耳垢をなめて自分の分泌物をできるだけ落とさないようにするため。

【足ダン】

ASHIDAN

急に「ダン！」と大きな音を出すから、いつもビックリしちゃう。何を怒っているの？

不愉快な気分を表すものだけど それほど気にしなくてもOK

「足ダン（スタンピング）」はうさぎの不愉快な気分を表す場合が多く、野生で敵を察知したり、怪しい音やにおいがしたときにもします。その音で、地中にいるほかのうさぎたちが、逃げることができたり、結果として「警戒警報」の役を果たしたようです。ここから「何か不満なのかな？」とつい心配になってしまう飼い主さんが多いようですが、うさぎ自身は不満を訴えたくてするというより、無意識にしているようなので、それほど気にしなくてもよいでしょう。

しぐさ

ウサギモン

Q 足ダンするのはどんなとき？

A 急に大きな音がしたときとかにしちゃう。くしゃみや玄関チャイム、工事の音とかね。また、遊ぶ前に足ダンする子もいるよ。この場合の足ダンは景気づけみたいなものかな。

A 元は無意識でしていた足ダンだけど、飼い主さんが学習させてしまう場合も。足ダンしたら、「ケージから出たいのかな？」などと気をまわして出してしまうと、以降、自分の要求を通すために足ダンをするようになってしまうよ！

【前足パンパン】

MAEASHI PANPAN

前足をパンパンはたくしぐさ。何もついていないのに何をしているの？

顔を洗う前に手の汚れを取るのは必須

前足をパンパンはたくのは、うさぎが顔を洗う前に見られる行動。これは、土の中で生活していたころの名残で、手についた汚れを取り払っているのです。前足をはたき終わったら、手のひらをなめてきれいにし、その後ようやく洗顔を始めます。

【前足でパンチ】

MAEASHI DE PUNCH

ケージの中に手を入れたら前足でパンチされちゃった……。

「出ていけ！」と侵入者を撃退

なわばりに入ってきた侵入者に対する怒りの攻撃です。気の強いうさぎは、自分の通る道にいる飼い主さんに「どけよ！」とパンチすることも。うさぎのいいなりにならずに、毅然とした態度で応戦しましょう。

わがままは聞かなくてOKよ！

【足をけり上げる】
ASHI WO KERIAGERU

足をけり上げて走り、部屋の隅のほうへ行くのはなんで？

嫌なことをされたうっぷんを晴らしています

後ろ足をけり上げて走るのは、抱っこや爪切り、ブラッシング、強制給餌など、苦手なことから解放されたときなどに見られる行動。「我慢してたんだ！」といううっぷんを、表現しています。こちらは悪いことをしたわけではないので、うさぎが落ち着くまで放っておきましょう。

【後ろ足でキック】
USHIROASHI DE KICK

抱っこしたときの後ろ足キックは、「やめてほしい」ってこと？

その場から逃れるために繰り出す必殺技です

キックは嫌なことから逃れたいため。しかも単にけるのではなく、足裏で押しながら足先（爪）のスナップを利かせてひっかくという高度な技を繰り出しています。「うさキック」はけっこう強烈。抱っこ中なら、驚いてうさぎを落とさないように注意を。

嫌なことから逃げるために
必死でやった行動なの。
怒らないでね……。

【しっぽを上げる】

SHIPPO WO AGERU

しっぽを上げ、白い部分が見えているのはどんなとき？

© Takashi C.AOKI

興奮して体に力が入るとしっぽがアップ

うさぎを飼い始めたとき、うさぎのしっぽがボンボンのように丸くなくて驚いた人も少なくないでしょう。うさぎのしっぽは平たく､意外と長さがあります。そのしっぽをおしりに添わせるようにして上げているのは、興奮していたり緊張していたりするときです。例えば、何かいつもと違うにおいや音を感知してしっぽを立てた場合、危険がないことがわかって脱力すると、しっぽは下がります。

また、発情期にはしっぽの裏側の白い毛を目立たせて、オスがメスに求愛することも。しっぽを上げると鼠径腺という臭腺が開くので、においとともにフェロモンを振りまいてアピールします。

ウサギモン

Q しっぽを立てて仲間に危険を知らせているってほんと？

A 野生色（茶色）のうさぎの場合、しっぽを上げると裏側の白い毛がよく目立ちます。野生では敵から逃げるときにしっぽが上がっています。その結果、仲間に危険が伝わるのです。鹿やガゼルなどにも同じような仕組みがあるので、捕食される立場にある動物が、種を守るために作り出したサインだと考えられます。

【しっぽを振る】

SHIPPO WO FURU

小さなしっぽをプルプル振っているけど、うれしいの？

においを嗅いで情報収集と分析に集中

短くてわかりづらいのですが、うさぎはしっぽを振っていることがあります。残念ながら犬のようにしっぽで感情を表現することはなく、においを嗅ぐことに集中し、情報を分析しているときに振ることが多いようです。

人間は何かに集中しているときふいに声をかけられたら、驚いて声を上げてしまいますね。うさぎも同じように、「しっぽを振ってかわいいわね」なんて声をかけると、びっくりしてオシッコを飛ばされてしまうかもしれません。

また、好物を食べてテンションが上がっているときや、発情しているときに、しっぽを振るうさぎもいます。

しぐさ

【体をなめる】

KARADA WO NAMERU

しょっちゅう体をなめているけれど、なんでそんなに毛づくろいをしたがるの？

敵を呼び寄せないように においはすぐ取りたい

野生では、においで敵に自分の居場所を知られてしまいます。体についたにおいを取り除くため体をなめるのは、うさぎの本能。頻繁に毛づくろいをするので、うさぎの体は基本的に無臭です。人がなでたあとも、ていねいに毛づくろいする姿が見られますが、においがつくことを嫌がるうさぎ心をわかってあげましょう。

【顔を洗う】

KAO WO ARAU

前足に唾液をつけて顔もいつもキレイに洗っているけど、どうして？

抗菌・消臭効果のある 唾液をつけて洗顔

前足をなめて唾液をつけ、「お願い」のポーズで顔を洗うのは、唾液による抗菌・消臭効果で、毛を清潔に保つため。

また、何かのにおいを真剣に嗅いだあとは、必ず鼻をきれいに洗います。においの分子を吸着させる場所をきれいにして、次のにおいを嗅ぐときにセンサーがしっかり作動するようにしているのです。

【耳の手入れ】

MIMI NO TEIRE

汚れてないのに、耳の手入れには時間をかけている。かゆいの？

耳は大切な器官 ていねいにお手入れします

前足で耳を挟んでこする〝耳洗い〟。長い髪を洗う女の子のようなかわいい姿が、うさぎ好きには萌えポイントですね。うさぎの耳は高性能の集音機であると同時に、体温を調節するラジエーター。とても大切な器官なので、時間をかけてケアします。耳のお手入れは、顔を洗うときにいっしょにすることが多いようです。

また、後ろ足の指を耳につっこんでカリカリするのは、耳の中の掃除中です。そのあと、足の爪に入った耳垢はなめてしまいます。野生時代に分泌物を残して敵に見つからないようにした、これも本能の名残の行動です。

しぐさ

ウサギモン

Q 人になでられた後、体をなめるのはなぜ？

A なでているときはとても気持ちよさそうなのに、なで終わった直後に毛づくろいをされると、ちょっとショック。ですが、自分のにおいを周囲にまき散らしたくないのはうさぎの本能。たとえ大好きな飼い主さんのにおいであっても、人間の手の脂のにおいがついているのは気になり、すぐ洗い流したくなるのです。

【あごをスリスリ】

AGO WO SURISURI

お気に入りのおもちゃに、スリスリ。
どんな意味があるの？

「これはぼくのもの！」という自己主張です

箱の角などにあごをこすりつけているのを見ると、「かゆいの？」と思ってしまいますが、そうではありません。うさぎのあごの下には臭腺があり、そこから出るにおいをつけることで「ここはぼくのなわばり」「これはぼくのもの！」と所有権を主張しているのです。毎日同じ場所にあごをスリスリするのは、においが薄れないように上書きしているからです。

人間には見えませんが、なわばりの境界線にぐるりとにおいをつけて、「ここからここまではぼくのなわばり」と主張することもあります。

ウサギモン

Q あごをスリスリするのは、「好き♥」ってこと？

A うさぎにあごスリスリをされると、「私のことが好きってアピールなのね♡」と、ときめいてしまいますね。たしかに、飼い主さんの指やひざなどにあごをスリスリするのは「あなたは私のものよ」という意味ですが、あくまでも所有権を主張しているだけ。残念ながら、特別な感情は含まれていないのです。フレンドリーな性格のうさぎは、初対面の来客にもあごをスリスリすることもあります。

【あくび】

AKUBI

あくびをするのは眠いから？　睡眠が足りていないのでは……？

動き出す前の準備運動 元気いっぱいです

あくびをするのは眠いのではなく、十分に休養をしてエネルギーを充電したから、そろそろ動き出そうと思っているとき。あくびをして脳に酸素を取り込み、体が元気に動けるようにしているのです。準備運動のようなもので、たいてい伸びがセットになっています。ただし、中には本当に眠くてあくびをしている子もいます。

注意！ 体調が悪いときもある

あくびを繰り返すのは体調不良のサイン。やけにあくびが多いときは、動物病院へ連れていきましょう。

【伸び】

NOBI

前足や後ろ足をのび～とさせている姿は気持ちよさそうに見えるけど、あれはストレッチなの？

活発に動けるよう 体をほぐしています

前足をぐぐ～っと突っ張ったり、おしりを下げて後ろ足を伸ばしたり、背中を思いっきり広げたり。うさぎはいろいろなスタイルの伸びをします。これは、人間が運動する前にストレッチで体をほぐすのと同じ意味。伸びをすることで全身の血行をよくし、動き出す準備をしているのです。つまり、「よ～し、やるぞ～！」と気合を入れているわけです。

うさ飼いさんのお悩みNo.1!?

抱っこの極意をマスター！

絶対に抱っこする、という強い気持ちをもとう！

抱っこは、健康管理やお手入れなどを行うために、ぜひマスターしたいもの。ところが、うさぎは“抱っこ嫌い”がとても多いのです。この本を読んでいるうさ飼いさんのなかにも、「愛うさぎを抱っこできない」という悩みをもつ方は多いのではないでしょうか。

うさぎは、「被捕食動物」。野生下では、つねに外敵に命を狙われる存在でした。そんなうさぎにとって、捕まることは死を意味します。うさぎからすれば、飼い主さんに抱っこされるのと、猛禽類に捕獲されるのは同じ感覚なのでしょう。

では、どうすれば抱っこできるようになるのでしょうか？　精神論のようですが、強い気持ちをもつことが何よりも大切です。うさぎが抱っこを嫌がるのは、命を守るため。当然、全力で「抱っこはイヤだ！」という気持ちをぶつけてきます。飼い主さんにそれを上回る強い気持ちがなければ、抱っこは困難なのです。まだ自我が芽生えない子うさぎであれば、比較的抵抗なく抱っこを教えることができますが、飼い主さんの覚悟が強ければ、何歳からでも抱っこを教えることは可能です。

抱っこの極意1

どっしりした気持ちで抱っこするべし！

飼い主さんの不安はうさぎにかならず伝わる！

うさぎは観察力が鋭い動物です(→p.28)。そのため、飼い主さんの気持ちを敏感に読み取ります。ビクビクしながら行う抱っこは、かならずうさぎに察知されてしまうでしょう。うさぎにとって、抱っこは命を預けるのと同じ。飼い主さんの不安感が伝わる抱っこは、恐怖でしかありません。

抱っこは、どっしりした気持ちで。飼い主さんが「わたしに任せれば大丈夫！」と、自信をもつことが大切なのです。

抱っこの極意2

ケージの出入りに制限を設けるべし！

抱っこに意義をもってもらうために徹底しよう！

うさぎにとって、抱っこは愛情表現ではありません。抱っこは、人間の都合で行わなければならないもの。抱っこをマスターするには、うさぎにとって、抱っこを意義のあるものにさせるのが近道です。

そのために、ケージの出入りをうさぎの自由にさせず、飼い主さんの手によって行うことを徹底しましょう。続けることで、「ケージから出るには飼い主さんの手が必要」と覚えさせることができます。

抱っこの極意3 流れを意識して抱っこするべし！

気がついたら飼い主さんの腕の中という状況がベスト！

うさぎが、「抱っこは苦手だけど、なでられるのはOK」という子なら、流れを意識しながら抱っこする方法がおすすめです。つまり、「なでられていたら、いつの間にか抱き上げられていた」という状況をつくるのです。

なお、上手に抱っこできたら、ぜひ頑張ったうさぎをめいっぱい褒めてください。感情をくみ取ることができるうさぎですから、うれしい気持ちも共有できますよ。

抱っこの流れ

1

頭や背中をやさしくなでます。両手を交互に、くり返しなでて、うさぎの体から手が離れる瞬間がないようにするのがポイント。

2

片方の手でうさぎの体をなでながら、反対の手で足やおしり、しっぽの周辺に触れましょう。うさぎが落ちつくまで続けて。

3

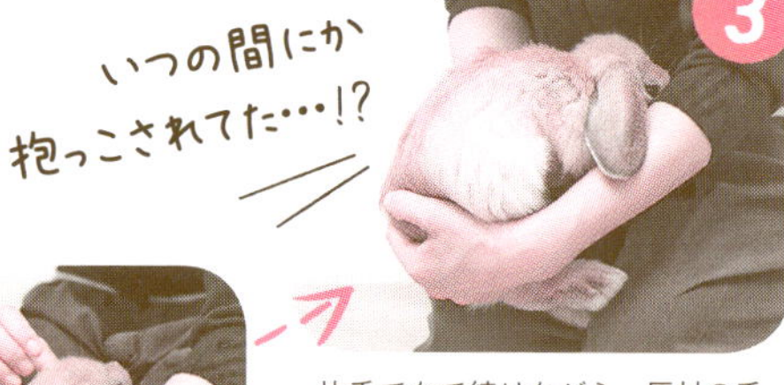

片手でなで続けながら、反対の手をおしりに置いてゆっくり持ち上げます。すかさずうさぎを体に密着させ、保定しましょう。

下ろすときはおしりから！

下ろすとき、頭から床につけようとすると怖がって暴れることがあります。下りていく様子がうさぎの視界に入らないよう、おしりから下ろすようにしましょう。

寝姿を観察してみよう

寝場所や姿勢に
注目だよ！

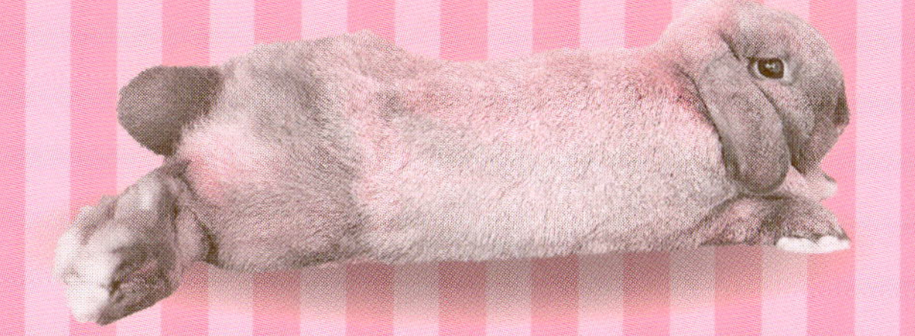

【箱座りで寝る】
HAKOZUWARI DE NERU

体の下に前足をしまって寝ているけど、うちの子お行儀がいいのかな？

半分リラックス、半分警戒 うさぎの基本の寝姿です

前足をたたんで体の下にしまって寝るのは、うさぎの基本の就寝スタイル。うさぎは、目を開けて短い睡眠をとる動物で、何かあればすぐに逃げられるよう睡眠中も半分は警戒状態でいます。このときは頭も少し高い位置にあります。

また、寒いときにも体温をなるべく逃がさないようにこのポーズで寝ます。

【目を開けて寝る】
ME WO AKETE NERU

目を開けてジッとしているけど、どうかしたの？

うさぎは、目を開けて寝る動物です

知らないと、「うちの子全然寝ないんですけど大丈夫？」と心配になりますが、うさぎは目を開けたまま短い睡眠を繰り返します。熟睡する姿は、とても慣れた子や性格が大らかな子にしか見られません。睡眠中かどうかは、鼻の動きでチェック。起きていればヒクヒク動く鼻が、ピタッと止まっていたら睡眠中です。

足を投げ出して寝る

ASHI WO NAGEDASHITE NERU

後ろ足を投げ出し、おなかをぺったり床につけて寝ている……。うさぎの基本の寝姿とずいぶん違うけど……？

安心しきっている＆暑いときに見られます

うさぎは、野生では狙われる立場なので、熟睡する姿は見せず、66ページのような姿で寝る……はずですが、中には足を投げ出し、頭も床にくっつけて熟睡する姿を見せるうさぎもいます。それは、家の中に危険がなく、すっかりリラックスしているからこそ見せてくれる姿なのです。本来なら、足が床についていなければすぐに逃げ出すことができないので、うさぎは寝ているときも足の裏を床につけていますが、「逃げなきゃいけないことなんかないもん♪」と、安心しきっているようです。

暑いときにも、こんな姿が見られるよ。室温が暑くなりすぎていないかチェックしてね！

寝姿

【人に添い寝する】

HITO NI SOINESURU

寝ているといつの間にか隣で寝ている……幸せです♥

いっしょにいると安心♥ つられて眠くなっちゃうのかも

生まれたばかりの子うさぎは、くっつきあって寝ます。これは暖をとるためと、くっついていると安心するため。近くでうさぎが寝ていると眠くなるという経験はありませんか？　うさぎも同じように、仲間（飼い主さん）が寝ていると安心して眠くなってしまうのです。その幸せを共感しちゃいましょう。

● くっつく → p.123

【おなかを見せて寝る】

ONAKA WO MISETE NERU

ゴロンと横向きでおなかを見せて寝てるのはなぜ？

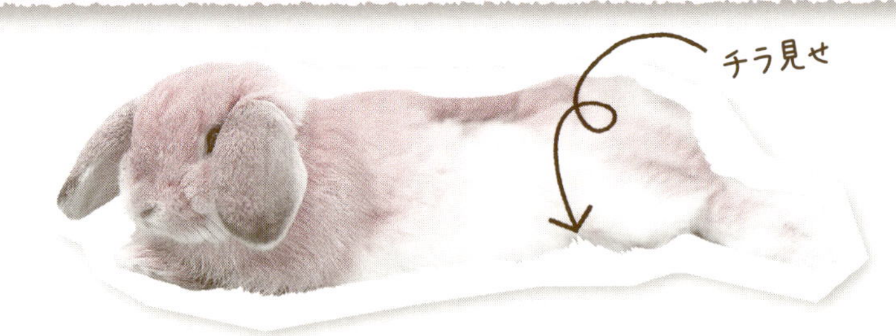

安心度 100％！ 飼いうさぎならではです

ゴロンと寝転がっていれば、とっさには逃げることができません。また、おなかは多くの動物にとって弱点です。そこから考えると、安心しきっているときの寝姿といえます。家の中に危険はないとわかっているのですね。中には、完全にあおむけになって寝るうさぎもいます。おなかを見せるほど、飼い主さんと今の環境を信頼してくれているのです。でも、ついモフモフしたおなかに手を伸ばすと、パッと逃げられてしまうかも。

【急にゴロンと寝転がる】

KYUNI GORONTO NEKOROGARU

勢いよくパタン！　と倒れたり、急に床に転がったり……びっくりして見ると、うさぎはすまし顔。

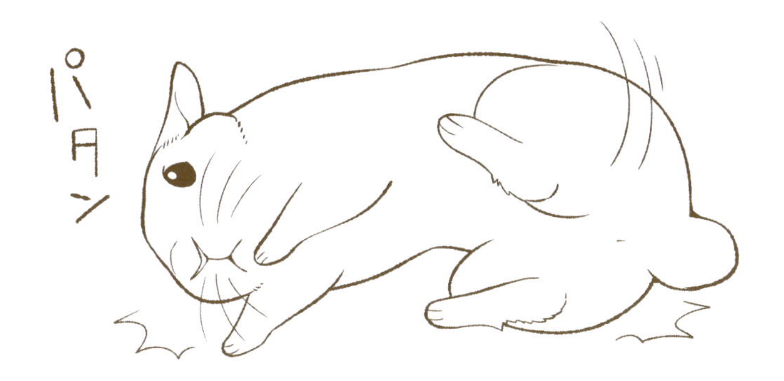

気持ちよくて横になりたくなっただけ

急に倒れられ、しかも大きな音をたてられるとびっくりしてしまいますが、うさぎにとってはふつうに「ちょっと休憩♪」という行動です。うさぎは、人間のように「どっこいしょ」とゆっくり横になることができないようで、急に倒れ込むようにして横になるのです。遊んだりごはんを食べたあとなどに倒れ込むときは、ご機嫌で、満足した気分なので、「いいね～」などと優しく声をかけてあげましょう。

ウサギモン

Q 寝姿を崩さないうちの子はリラックスできていないの？

A 「おなかを見せて寝る子がいる」などの一文を読んだとき、「ハテ？　うちの子は目を開けたまま姿勢も崩さずに寝ているけど……？」という方もきっといらっしゃると思います。それが、ふつうのうさぎの寝姿なのです。中には「うちの子はリラックスできていないの？」という不安を口にする方もいますが、本来のうさぎは目を開けて熟睡をしない動物なのですから、それをマイナスの意味にとらえてもあまり意味がありません。

寝姿の違いは性格の違いも関係します。飼い主さんのことを信頼している、いないにかかわらず、おなかを見せることが不安な子は絶対に見せないのです。そもそも、警戒していれば、うさぎは寝ません。

【床に頭をつけて寝る】

YUKA NI ATAMAWOTSUKETE NERU

頭を下げて床にペッタリ。リラックスしてるのかな？

安心してくつろいでいます

基本の寝姿では、頭はいつもの定位置です。それは、何かあったときにすぐに体を起こせるように。

頭を床につけてウトウトしているのは、やはり危険がないとわかっているリラックスモードです。耳の力が抜けていて、目も細められ、本当に気持ちよく寝ている証拠。そっと見守ってあげましょう。

【寄りかかって寝る】

YORIKAKATTE NERU

壁に寄りかかったり、何かにあごをのせたり、横着者なの？

何かに寄りかかると安心するのでしょう

子うさぎ時代の習性もあり、何かにくっついていたり寄り添っていたりすると、うさぎは安心します。狭いところを好むのもうさぎの本能。狙われる立場だったゆえ、広いところにポツンといるのは不安なのかもしれません。おしりだけ飼い主さんにくっついていたり、そうして安心感を得ているのです。

● 狭いところに入りたがる  p.94

家具でできた隅でもうさぎにとっては隅っこ。

好きなぬいぐるみやクッションにアゴのせスタイル。

「冷たくない？」というポールにも寄り添います。

【何かに沿って寝る】

NANIKA NI SOTTE NERU

マットのラグの端など、とにかく端に沿って寝ているのはなぜ？

うさぎは「境界線」を意識する動物

すき間に挟まったり、ケージの壁に沿って寝たいのは、うさぎが本能的に落ちつくから。それは理解できますが、中には部屋のまん中で寝ている大胆なうさぎがいます。よく見てみると、寝ている場所が敷物の端だったり、やはり何かに沿っている場合が多くあります。人間にとっては、隅っこなど、境界線は立体でとらえられますが、うさぎにとっては平面に見えているものでもそこに境界線があるようです。敷物と敷物の境目でも、うさぎは境界線に体をくっつけて寝ている気分で安心なんです。

寝姿

ミニコラム

オスとメスでは性格に違いはあるの？

甘えんぼさんなオス、クールなメス

野生では、オスとメスはそれぞれ異なる役割をもっていました。生まれたばかりのころは差がありませんが、思春期を迎えて自立心が芽生えると、オスとメスにはさまざまな差が生じてきます。

オスは自分のなわばりを広げようとする意識が強いのが特徴。オシッコを飛ばしたり、ケージから出たがったりする子が多いです。一方で、野生では性成熟後、早々に巣穴を追い出されていましたが、ペットうさぎはいつまでも飼い主さんといられるので、甘えん坊でなつっこい傾向があります。

メスは自分の場所を守ろうとする意識が強いです。子どもを守る立場にあるからか、自立心があり、飼い主さんとも適度な距離感を保とうとする子が多いです。

行動をチェックしよう

行動の読み取りポイントは、本能か？ 学習か？

本能と学習は入り混じっている

人間の目で見ると不思議に見えるうさぎの行動ですが、本能によるものと、本能がベースとなって学習されたものとが入り混じっています。

本能の行動には、ホリホリやいろいろなものをかじること、においつけのためにオシッコをすることなどがありますが、これらは本能なので変えることができません。

しかし、ものをかじることは本能でも、ケージをかじることは学習なので変えることができます。うさぎがケージをかじっていたとき、「外に出たいのかな？」と思って1回でも外に出してしまうと、「外に出るにはココをかじればいいんだ」とうさぎが学習してしまいます。抱っこがイヤで人の手をかむことも学習です。

これらを踏まえ、うさぎの行動を本能と学習、どちらに振り分けるかがうさぎの気持ちを読み取るポイントになります。本能の行動であっても、例えば手にカクカクすることなどは、カクカク自体をやめさせることはできませんが、手をクッションに移行すれば「手にカクカク」はやめさせることができます。

【ホリホリ】

HORIHORI

突然、一心不乱に床を掘り始めるんだけど……。
いったい、何のために穴を掘っているの？

野生のスイッチが入り とにかく掘りたい気分！

ペットうさぎの祖先は、土の中に巣穴をつくって暮らしていたアナウサギです。つまり、うさぎにとって穴を掘るのは、快適に生活するために、やらなければならないもの。何か目的があるわけではなく、本能的な行動なのです。「掘りたいスイッチ」のきっかけはさまざまで、布団に乗る、雨が降る、ほかのうさぎのにおいがするなど、まさに十兎十色。

本能なので、やめさせるのは難しいもの。納得できるまで掘らせてあげて。

飼い主さんに「○○して！」とアピールをしています。うさぎのアピール方法はいろいろですが、かなり強い要望のときに見られる行動です。

● ひざをホリホリする気持ちは？
→ p.117

【一点をじっと見る】

ITTEN WO JITTOMIRU

何もないところを凝視したり、こちらをじっと見てくるのはどうして？

見ているのではなく聞いている！

何もないところをじっと見つめていると、「人間には見えないモノが見えているの!?」とドキッとしますね。

実はこれ、何かを見ているのではなく、音を聞いているのだと考えられています。うさぎは耳がいいので、飼い主さんには聞こえないような微かな音をキャッチし、集中して聞いているのかもしれませんね。

壁をじっと見るのは？

壁の向こう側の携帯電話が鳴った音、隣の家の人が帰ってきた音が聞こえているのかも！

【落ち着きなく キョロキョロ】

OCHITSUKINAKU KYOROKYORO

せかせか動いたりキョロキョロしたりして挙動不審。どうしちゃったの？

正体不明のものに プチパニック中！

へやんぽ*中に、落ち着かない様子であたりをキョロキョロ見回している場合、ちょっとしたパニックに陥っている可能性大！　正体不明の音やにおいなどを感じ取り、一体何なのかを探っています。

このとき、飼い主さんが急に動くのはNG。余計に慌ててしまうので、どっしり構えて安全をアピールしましょう。

*へやんぽ……うさぎをケージの外に出し、部屋の中でさんぽさせること。

【ケージの中で ソワソワ】

CAGE NO NAKADE SOWASOWA

ケージの中を行ったり来たり。もしかして、落ち着けないの？

ケージのレイアウトが 気に入らないのかも？

器やトイレを動かしたり、ステップを上下したりするなど、せわしないときは、ケージ内のレイアウトが気に入らない可能性大。原因を探ってみましょう。

外の様子をうかがいながら動き回るのは、「出たい！」という気持ち。ごはんの気配を感じ、そわそわしているのかも！

行動

【ケージをガジガジ】

CAGE WO GAJIGAJI

ガジカジとケージをかじり続けているときはどう対応すればいいの？

「お願い！」の気持ちをかじることで表現

ケージをガジガジとかじるのは、飼い主さんにお願いしたいことがあるとき。「お願い」の内容はいろいろですが、「おなかが空いた！」「遊びたいからケージの外に出して！」「暇なんだよ～！」の３つであることが多いようです。

硬いケージをかじり続けると、歯並びが悪くなったり、不正咬合の原因になったりします。それを心配した飼い主さんが慌ててこちらに来るので、行動がエスカレートしてしまうのでしょう。気になりますが、ここは徹底無視を。どうしてもかじり続けるなら、下記の方法で改善を図ってください。

ウサギモン

Q ケージをかじるのをやめさせるには？

A うさぎに「何をやめてほしいのか」をはっきり伝えなければなりません。次の❶～❻の手順を試してみて。

1. ケージをかじっていたら、鼻を軽く押して「ダメよ」と低い声でいう。
2. 一瞬、やめるけれど、またケージを噛んだら、❶をくり返す。
3. ケージを噛むのをやめたうさぎが、扉の近くにいたら、じっと無言でにらみ合う。
4. 緊張状態を嫌ったうさぎが、どこかへ行く。
5. また扉のそばに戻ってきてケージを噛んだら、❶へ戻って同じことを繰り返す。
6. また扉のそばに戻ってきても、ケージをかじらなければ、ここで初めて「いい子ね～」とほめる。

いろいろなものをかじる

IROIRONA MONOWO KAJIRU

目につくものはなんでもかじります。なんでそんなにかじるのが好きなの？

かじって確認するのはうさぎの本能

かじるのは本能による行動です。なぜなら、うさぎはかじることでものの硬さや素材などを確認するからです。

電気コードや雑誌など、歯を立てると簡単にかみ切れ、形の変化を楽しめるものは、かじるのが楽しくなり、遊びとしてやるようになることも。かじったものは多少なりとも体内に入るため、ものによっては事故につながる危険があります。

かじることは本能で、やめさせるのは難しいもの。根本的な対策を練ることが肝心です。

かじられて困るものはしまおう

うさぎに、かじってよいものといけないものを教えるのは困難。かじられると困る大事なもの、例えばバッグやリモコンなどは、うさぎの手が届かないところに片づけましょう。どうしても片づけられないものがあるなら、うさぎが入れないよう、仕切りを立てるのも一案です。

行動

ものをくわえて投げる

MONO WO KUWAETE NAGERU

目につくものをくわえてくり返し投げるのは、機嫌が悪いの？

大半は遊びだけれど何か訴えていることも！

ものをくわえて投げるのは、うさぎにとっては楽しい遊びのひとつ。投げたものが飛んで行ったり、音を立てたりするのが楽しいようです。投げても支障ないものの場合は、ぜひ見守ってあげましょう。「楽しいね～」などと声をかけると、ハッピーな気持ちを共有できますよ。

ただし、「これ、邪魔なの！」、「腹減った！」、「ケージの中が住みづらいよ！」など、何かの意思表示として行っている場合もあります。表現方法が激しいうさぎだと、トイレの網をくわえて投げることも。その場合は、うさぎの様子から訴えていることを読み取り、対応を。

ものを投げると音が出るから、
人間に対する何らかの
アピールの場合もあるんだ

ものをくわえて走る

MONO WO KUWAETE HASHIRU

お気に入りのおもちゃをくわえて走る姿は犬みたい。何がしたいの？

実は高度な遊び！見かけたらほめてあげて

気に入ったものをくわえて走り回ったり、飼い主さんのところへ持ってきたりするのは遊びの一種。うさぎには牧草などを巣穴に運ぶ習性があるので、その名残から行っているとも考えられます。

本来、うさぎにはものをくわえて遊ぶ習性はありません。飼い主さんが「持って来てくれたのね」と喜ぶ様子を見て、「これをするとかまってもらえる」と理解して行っているのかも。実はかなり高度な遊びで、この行動をとる子は、とても賢い子であるといえます。ぜひ、「上手に運んできたね、えらいね～」とたくさんほめてあげてください。

うさぎは遊び好き♪

【前足でアイロンがけ】

MAEASHI DE IRONGAKE

カーペットを伸ばすようにスイスイと前足を動かすのには、どんな意味があるの？

明日は雨の予感!?
巣穴の雨よけ対策中

カーペットやタオルなどの上で前足をスイスイ！　まるでアイロンをかけているようなしぐさをすることがあります。

これは、野生のころの名残だと考えられています。祖先のアナウサギは、地面を掘って巣穴をつくっていました。雨が降ったとき、降りそうなときには、巣穴に水が入りこまないように、入り口を踏み固めて閉じる必要があったのです。

雨が降っていないのにこのしぐさをするなら、うさぎにしかわからない「天気予報」で雨を察知しているのかも。当たるか外れるか、空を観察してみては？

カーテンやタオルにじゃれる

CURTAIN YA TAORUNI JARERU

ゆらゆら揺れるタオルなどにじゃれつく姿が猫みたい！遊んでいるの？

愛撫されているように感じ興奮しているのかも

うさぎの目の前でタオルなどを振ると、後ろ足で立ってじゃれついてくるので、「いっしょに遊んでいる感」が高まり、うれしくなりますね。

でもこれ、実は注意が必要な行動なのです。顔の周囲を何かがさわさわ触れるのは、うさぎどうしの愛撫に似ていて、性的な興奮スイッチが入ってしまうことが。やりすぎると本能が高まってなわばり意識が強くなったり、マウンティングやスプレー、偽妊娠などが始まってしまうことも。うさぎが興奮しない程度で終わらせましょう。

【ぬいぐるみにカクカク】

NUIGURUMINI KAKUKAKU

ぬいぐるみの上に乗って腰をカクカク。何をしているの？

交尾しやすい姿勢になるとつい腰を振ってしまう

腰をカクカクするのは「マウンティング」という生殖行為です。特にオスには本能として備わっていて、交尾できる姿勢になると自動的にカクカクしてしまうことも。ぬいぐるみに対して、疑似行為を行っているのでしょう。

なお、メスでも男性ホルモンが多い子などは、マウンティングをすることがあります。

【ぬいぐるみをペロペロ】

NUIGURUMI WO PEROPERO

ぬいぐるみを一生懸命なめている！毛づくろいをしてあげているの？

興味をもったものはなめて確認している

「これは何だろう？」と不思議に思ったとき、うさぎはなめて確認します。学習のための行動で、特に好奇心旺盛なうさぎによく見られます。毛が抜けやすいぬいぐるみは、なめると繊維が体内に入ってしまうこともあります。なめても安全なもの以外は、触れない場所に移動を。

【牧草をくわえて運ぶ】

BOKUSOU WO KUWAETE HAKOBU

牧草を口いっぱいにくわえて部屋の中を歩き回るのは、何か目的があるの？

出産準備のため 巣づくりの場所を探し中

牧草を口にくわえてウロウロするのは、妊娠したメスうさぎが出産のために巣づくりをする行為です。牧草は巣の材料となるもので、安心して出産できる場所を探して歩き回っているのでしょう。

なお、メスのうさぎは、おしりをなでられるなどの刺激を交尾と思いこんで「偽妊娠」することがあります。偽妊娠は1～2週間で収まるので、落ち着くまで見守りましょう。

ウサギモン

Q 「偽妊娠」するとどんな行動が見られるの？

A 交尾をしかけたけれど成功しなかったり、去勢したオスうさぎやメスうさぎにマウンティングされたりといったことがきっかけで、本当は妊娠していないのに妊娠しているような「偽妊娠」の状態になることがあります。赤ちゃんを育てる巣をつくるために牧草を集めたり、自分の毛をむしったりといった行動が見られ、なわばり意識が強くなり、乳腺が張って母乳が出たりもします。こうした状態が2週間ほど続きますが、時間が経てば自然と収まります。病気ではありませんが、むやみに発情させるのはうさぎにとってストレスです。おしりをなでるといったことが刺激になる場合もあるので注意しましょう。

【体の毛をむしる】

KARADANOKE WO MUSHIRU

自分の毛を、なめずにむしっているみたい。どうしたの？

巣づくりのためか、ストレスによるものか

毛をむしるのが妊娠中、または偽妊娠中のメスなら、巣をつくるための正常な行動。自らの毛を巣材に、出産準備のための場所をつくろうとしているのです。

また、ストレスを感じていたり、痛みやかゆみを解消しようとしている場合も、自分の毛をかじります。皮膚疾患や腹痛、脱臼などのケガが隠れていることもあるので、原因を探りましょう。

【おしりのまわりをモゾモゾ】

OSHIRINOMAWARI WO MOZOMOZO

おしりに口をつけて、ウンチを食べているみたい。汚くないの？

栄養を摂るために必要不可欠なこと！

うさぎのウンチは、丸くてころころしたものと、やわらかくて水分が多いものがあります。後者は食べ物を盲腸に送って発酵させた「盲腸糞」で、ビタミンやたんぱく質がたっぷり。うさぎはこの盲腸糞を摂取することで、体に必要な栄養を補給するのです。生きるために必要なことで、汚くはありませんよ。

【いきなり走り出す】

IKINARI HASHIRIDASU

突然、猛ダッシュして止まらない!! どうしちゃったの? 何かの前触れ?

軽やかに跳ねながら走るときはルンルン気分

楽しくてハイテンションなときに見られる行動です。走り回るだけでなく、ジャンプしながら体をひねったり、おしりや頭をフリフリするなど、楽しさを体全体で表現しているはず。急なダッシュに飼い主さんはびっくりしてしまうかも知れませんが、うさぎ本人はウキウキです。

しかし、目を見開いてひたすら走り回る場合は、何か怖いことがあったのかもしれません。「大丈夫だよ」と声をかけて落ち着かせましょう。

楽しいときは……

- 頭やおしりを振る
- 体をひねってジャンプする

→ p.88

【垂直にとぶ】

SUICHOKU NI TOBU

足をそろえたまま真上にジャンプ！　ふつうのジャンプと違うけれど大丈夫なの？

最上級にごきげん♪ とび方には個性もあり

超ごきげんな証拠！　左右にジャンプしたり、体をひねってジャンプしたり、自分なりのアレンジをくわえてとぶうさぎもいます。ケージから出たときにすることが多いのは、解放感を体全体で表しているのかもしれません。「楽しいのね～」と気持ちを共有してあげると、さらにうれしくなるでしょう。

うさぎが自由にとび回れるように、邪魔になりそうなものは片づけておいて。

【フード皿をひっくり返す】

FOODZARA WO HIKKURIKAESU

フード皿をひっくり返しちゃう。ごはんがおいしくないの？

食事に関する不満を飼い主さんにアピール

ごはんについて気に入らないことがあるときの行動。お皿が空のときは「おなかがすいたよ！」、ごはんが入っているときは「この食器は食べづらい！」などの不満を、お皿をひっくり返すという実力行使で訴えています。ただし、なかには単にひっくり返すのがおもしろくて、遊びでやっている場合もあります。

【牧草を散らかす】

BOKUSOU WO CHIRAKASU

牧草を奥から引っ張り出して食べている……。うちのうさぎはお行儀が悪いのかな？

行動

好きな部分をより好みしている！

うさぎは、好きなものを先に食べる主義。穂ややわらかい葉など、好みの部分を探したり、空気に触れていない香りの強い牧草を求めて、フィーダーの奥に顔を突っ込んで食べることも。その結果、牧草が散らばっているのでしょう。そもそも、容器は人が用意したもので、うさぎには好きなように食べる権利があるのです！

【トイレで寝る】

TOIRE DE NERU

トイレに座ったまま寝ている。ほかにも場所はあるのに、なぜ？

安心できる場所だから ついウトウトしちゃう

トイレには自分のにおいがついているので、安心感が高まり、つい眠たくなってしまうのかもしれません。また、うさぎは周りを囲まれた狭い場所が好きなので、トイレの狭い空間が落ち着くのかも。「トイレで寝なくても」と思うかもしれませんが、とってもくつろいでいるので、そっとしておいてあげて。

【オシッコをまき散らす】

OSHIKKO WO MAKICHIRASU

オシッコをまき散らされて大変。トイレでオシッコをするように、しつけたいんだけど……。

「ぼくのなわばりだよ！」と示しています

うさぎはなわばり意識が強く、特にオスは、自分のにおいを広めてなわばりを示そうとする習性があります。自分のにおいを最も主張できるのはオシッコですから、オシッコをまき散らすことで、「ここはぼくのなわばり！」とアピールしているのでしょう。本能的な行為なので、完全にやめさせるのは難しいです。

【あちこちにオシッコをする】

ACHIKOCHI NI OSHIKKO WO SURU

あちこちでオシッコしちゃう。どうしてトイレの場所を覚えてくれないの？

何事にもこだわらないおおらかな性格の子！

うさぎはきれい好きなので、排せつ場所を一か所に決める習性があります。そのときの気分であちこちにオシッコをするうさぎは、こだわりが少なく、おおらかな性格なのでしょう。「トイレを覚えてくれない」と考えるとネガティブな印象ですが、「これもこの子の個性。お気楽なタイプなのね」と思えば、それは長所になります。温かい目で見守って。

【ケージの中でオシッコをする】

CAGE NO NAKADE OSHIKKO WO SURU

部屋ではしないけど、ケージ内のどこでもオシッコをしてしまうのは、なぜ？

「ケージ全体がトイレ」と思っているのかも

ケージの中ならどこでも、自由にオシッコをするうさぎもいます。ケージ全体をトイレだと思っているのかも。

あるいは、トイレが体の大きさに合わなくて、使いづらいということも考えられます。成長や加齢に合わせて、トイレの使い勝手を見直しましょう。

【牧草にオシッコをする】

BOKUSOU NI OSHIKKO WO SURU

牧草を引っ張り出してオシッコをしたうえ、その上に座っちゃっている。なぜ？

牧草の上は落ち着くから ついオシッコが出ちゃう

野生のうさぎは赤ちゃん時代、母うさぎの毛と牧草でつくられた巣の中で過ごします。その名残もあって、牧草を床に敷き詰めて布団のようにすることがあります。牧草の上にいると落ち着くので、オシッコもそのまましてしまうのでしょう。自分のにおいをつけた牧草にくるまれ、安心して過ごしたいのかも。

うさぎにとってはそれが快適に過ごせる方法なので、認めてあげてください。

【ケージに戻らない】

CAGE NI MODORANAI

ケージから出るとなかなか戻ってくれないのは、ケージの中が嫌いだから?

ケージの外が楽しくてまだ帰りたくないのかも

へやんぽを楽しんでいる真っ最中で、「まだ遊んでいたいの!」という気分。無理にケージに追いこむと、さらに戻るのを嫌がるようになります。

「ケージに戻ったらおやつにする」などルールをつくったり、ケージに戻ったらたくさんほめるなど、うさぎが納得して戻れるように促しましょう。

【ケージから出ない】

CAGE KARA DENAI

ケージを開けても無反応。外に出したら喜ぶと思ったのに、ひきこもりになっちゃった?

「今はじっとしていたい」そんな気分のときもある

基本的に、うさぎは広い場所を走り回るのが好きですが、たまには「ケージの中でまったりしていたい」という気分のときもあります。尊重してあげましょう。

迎えて間もないうさぎなら、ケージの外が怖いのかも。やさしく声をかけつつ、出てくる気になるまで待ちましょう。

【狭いところに入りたがる】

SEMAITOKORO NI HAIRITAGARU

すき間に入り込んで満足そうにしている。快適な場所とは思えないんだけど……。

本能のなせる業。すき間にいると落ち着くの

野生のアナウサギの家は土の中にあるので、ペットうさぎも狭くて薄暗い場所にいると落ち着きます。特に、地中の巣穴を思わせるような家具と家具のすき間や、ソファの裏など、体にぴったりフィットする場所を好みます。うさぎが入り込むと危ない場所は、すき間をつくらないようにして、防御しましょう。

【カーテンの中に隠れる】

CURTAINNO NAKANI KAKURERU

室内に出すと、いつの間にかカーテンの中にいる。隠れているつもりなの？

快適な隠れ場所としてくつろいでいるよう

カーテンの中は人目につかないので、安心できるのでしょう。休憩場所にしているのかもしれませんね。

ただし、どこか具合が悪くて弱みを見せたくないため、隠れている可能性も。食欲や排せつ物の様子などをチェックし、いつもと違う場合は動物病院へ。

【座布団などに乗りたがる】

ZABUTON NADONI NORITAGARU

座布団や布団を出すとちょこんと乗り、ホリホリが始まっちゃう。なぜなの？

座り心地がよく、掘りやすい地面！

うさぎと人間が「快適」と感じるシチュエーションは、じつはそんなに変わりません。「床に直接座るより、座布団を敷いたほうが気持ちいいし、布団にゴロンとするのは最高！」というのは、うさぎも同じなのです。

座布団や布団の上でホリホリを始めるのは、「やわらかくて掘りやすいぞ！」と、うれしくなっているのでしょう。ぜひ、穴が開いたり、オシッコをされたりしても惜しくないものを用意し、愛うさぎに自由に使わせてあげてください。

usagraph さん

→ p.97

小梅まま さん

→ p.98

mumitan さん

→ p.99

SNSで大人気のうさぎアカウントを大紹介！

@うさぎLOVE♥フォト

インスタグラムで大人気のうさぎアカウントを大紹介します！
飼い主さんとの関係性が見えるキュートな写真たちをご堪能あれ♪

Shino さん

→ p.100

Koharupyon さん

→ p.101

maribowmom さん

→ p.102

usagraph さん

Instagram : @usagraph

ドワーフのプーチンちゃんと、ホーランドロップのマーチンちゃんと暮らす。大学時代に興味をもったことから、写真の技術を独学で学ぶ。SNSでは、絵本の世界をイメージした、ふたりの“空気感”を感じられるような写真を投稿している。

小梅ままさん

Instagram : @koume_tan

2015年1月に、ネザーランドドワーフの小梅ちゃんをお迎え。成長記録として撮りはじめたことから写真に興味をもち、コンデジ→ミラーレス→デジタル一眼レフと、徐々に本格化し、カメラが趣味になる。光とボケ感が美しい写真をSNSで発表中。

mumitanさん

Instagram : @mumitan

ホーランドロップの男の子、ぷいぷいちゃんと暮らす。SNSでは、お洋服をバッチリ着こなすぷいぷいちゃんの写真を投稿。服は、なんとmumitanさんの手づくり！世界に影響を与えたSNSアカウントに贈られる「Shorty Awards 2017」にノミネートされた。

※ぷいぷいちゃんは服を着ても気にしない穏やかな性格ですが、mumitanさんは着心地や着脱しやすさにこだわり、無理をさせないよう気をつけているそうです。

Shinoさん

Instagram : @nashiro_kate

うさぎ飼い歴10年。現在は、3、4代目となるナシロくん、ケイトちゃんと暮らす。2代目うさぎのアルカちゃんの死後、残った写真が少なくて後悔したことをきっかけに写真を撮りはじめる。SNSでは、ふたりのほのぼのとした日常を更新中。

Koharupyon さん

Instagram : @koharupyon

ネザーランドドワーフの女の子、こはるちゃんと暮らす。「大切なこはるとの毎日を残しておきたい」という思いでSNSをスタート。「こはるにとって快適な環境づくり」を考えながら、うさぎならではの表情豊かでかわいい姿を撮るために、日々奮闘中。

maribowmomさん

Instagram : @maribowstagram

5歳のネザーランドドワーフ、まり坊ちゃんと暮らす。まり坊ちゃんとの日々の生活をSNSにアップ中。デザイナーとして本業をこなす傍ら、まり坊ちゃんが主役のLINEスタンプなども発表している。

飼い主さんへの接し方を観察！

愛情表現を
見極めてほしいな❤

【頭を下げてくる】

ATAMA WO SAGETEKURU

こちらに向かっておじぎをしているみたいに、頭を下げてくるのはどうして？

なでてほしいときのうさぎからのおねだり！

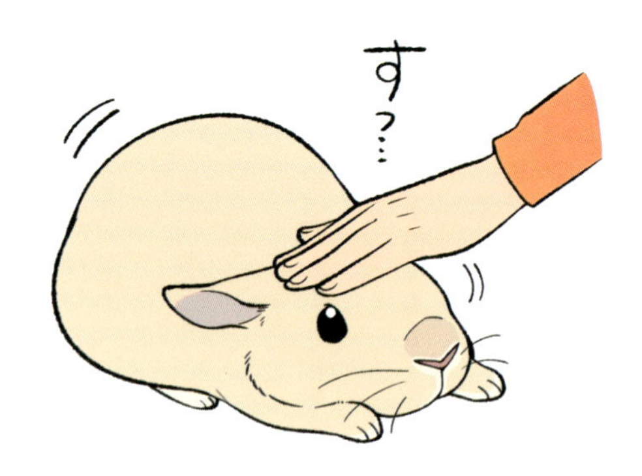

うさぎはなでられるのが大好き！　頭を下げてくるのは、飼い主さんに「なでてほしいな～」と甘えているからです。これは、うさぎどうしで「毛づくろいをしてほしいな」というときにも見られる行動です。なかには、いつも飼い主さんになでてもらっている場所まで行って、頭を下げて待っている子も。そんなときはたっぷりなでて甘えさせてあげましょう。

このとき、ついでのように片手間でなでるのはNG。うさぎの気持ちときちんと向き合って、しっかりとなでてあげることが大切です。うさぎはその気持ちも込みで、とても喜びますよ。

【鼻でつつく】

HANA DE TSUTSUKU

うさぎがツンツンと鼻でつついてくるかわいいしぐさ、どんな意味があるの？

かまってほしいときや、どいてほしいときにも！

うさぎが鼻先でツンツンとつつくのは、意思表示。人間が手でトントンと肩をたたくのと同じで、飼い主さんに「ねえねえ」と呼びかけ、自分に関心を向けてほしいと思っています。

また、進路に飼い主さんがいて通れないときにも、「邪魔だからどいて！」とでもいうように鼻でつついてきます。

【あと追い】

ATOOI

どこに行くにもそのあとを追いかけてくる。どんな気持ちなの？

「よいこと」を期待してあとを追いかけます

「よいことがあるかも」と思って追いかけています。それは、飼い主さんといっしょにいたい気持ちかもしれないし、おやつが欲しいという欲求かもしれません。あと追いされているときはうさぎを踏まないように、すり足で歩きましょう。

一方で、飼い主さんをなわばりの侵入者とみなして追い立てている可能性も。

【前足をかけてくる】
MAEASHI WO KAKETEKURU

ひざや背中にちょこんと前足をかけてくるのは、何か伝えたいことがあるの？

気を引きたいときや存在をアピールしているのかも！

飼い主さんの気を自分に向けたいときや、甘えたいときに、うさぎは飼い主さんの背中やひざに前足をかけて自分の存在をアピールします。強い要求があるわけではないようですが、飼い主さんがほかのことに気を取られているなどで、かまってほしくなったのかも。忙しくても、無視しないで甘えさせてあげましょう。

【手をなめる】
TE WO NAMERU

なでてあげたときやブラッシングの最中などに手をなめるのは、どんな意味があるの？

前後の状況によって気持ちが180度変わる！

なでたあと、「ありがとう」とお返しでなめる子もいれば、なでるのをやめたとき、「もっとなでて」と催促でなめてくる子もいます。グルーミングをしているときになめてくるのは、「もうやめて、限界だよ」というサインです。

このように、意味はさまざまなので、前後の状況で判断するようにしましょう。

【ひざに乗ってくる】

HIZA NI NOTTEKURU

座っているとうさぎがひざの上に乗ってくるのは、何かお願い事をしたいから？

アピールしていたり何かを確認している！

飼い主さんになでてほしいときに、ひざの上に乗って「なでてくださいね」とアピールしている可能性があります。

また、単に飼い主さんから気になるにおいがして嗅ぎに来た、単にひざの上が床よりもやわらかくて温かいので、気持ちがよくて乗っている……という可能性も！

「甘えてくれたわけじゃないのか……」とがっかりせず、ひざを提供していっしょにのんびり過ごしましょう。

ウサギモン

Q ひざに乗ってくるのは抱っこして欲しいから？

A 残念ながら、抱っこを要求するほど抱っこ好きなうさぎはほとんどいません。おそらく、ひざに乗ってきても、抱っこしようとしたら逃げるうさぎが多いはず。それは、「ひざに乗る」はうさぎの意志ですが、抱っこされようと思って乗ってきたのではない証。ひざに乗る目的に気づいてあげられるとコミュニケーションがグッと深まるはず。

対飼い主

【ジッと見つめる】

JITTO MITSUMERU

気がつくとうさぎからの熱い視線……。ジッと見つめてくるのは好きだから？

うさぎはいつも飼い主さんを見ている！

うさぎは眠っているときと、何かに夢中になっているとき以外は、常に飼い主さんを見つめています。「なでてくれるのかな？」「おやつをくれるのかな？」と期待をして、チャンスを逃さないように飼い主さんの動向をジッと観察しているのでしょう。

もちろん、飼い主さんのことが好きでジッと見つめていることもあります。目が合ったときはやさしく名前を呼び、「どうしたの？」と声をかけましょう。

【いっしょにご飯を食べる】
ISSHO NI GOHAN WO TABERU

食事をしていると、うさぎもいっしょにごはんを食べ出すのはどうして？

いっしょに食べることで安心を得ている！

食べもののにおいや咀嚼する音などにつられて、自分も食べたくなるのでしょう。元来うさぎは共感力の高い動物です。まわりと同化することで安全を確保し、共に感じ行動することで安心感を得ようとします。

つまり、飼い主さんといっしょにごはんを食べることで、うさぎは安心を得ているのでしょう。

【集まっていると来る】
ATSUMATTE IRUTO KURU

みんなで集まってにぎやかにしていると、うさぎも入ってくるのはどうして？

楽しい空間に自分も飛びこみたい！

人が集まって楽しそうにしていると、うさぎは自分も輪の中に入りたいと思います。ひとりぼっちでいるよりも、まわりに誰かいるほうがうさぎも楽しいのです。なかには、注目を集めたくて、輪の中心に入って行く子も。

反対に、集まりが険悪な雰囲気なら、うさぎはそこから離れようとします。

【においづけ】

NIOIZUKE

飼い主さんにあごをこすりつけるしぐさには、どんな意味があるの？

わたしのものよ～

においづけするのは飼い主さんへのあいさつ

うさぎはあごの下に、臭腺があります。ここから出るにおいをこすりつけて、「これは自分のものだ！」とアピールするのです。

なお、飼い主さんの指やひざなどにもあごをこすりつけてにおいづけをすることがありますが、この場合は自己主張というよりは「あいさつ」のようなもので、特別な感情はありません。飼い主さんが目の前にいるので、「こんにちは」とあいさつをしながら、本能的に自分のにおいをつけて安心しているのです。

【においを嗅ぐ】

NIOI WO KAGU

毎日いっしょにいるのに、飼い主さんのにおいを嗅ぐのはどうして？

飼い主さんの情報もにおいで収集します

うさぎはにおいで、さまざまな情報を収集しています！　特に、飼い主さんからいつもとは違うにおいがすると、うさぎは敏感に反応します。外出すると、飼い主さんはさまざまなにおいを身につけて帰ってきますよね？　すると、帰宅した飼い主さんのにおいをしつこく嗅いで、確認するでしょう。

また、犬や猫などの捕食動物のにおいに過敏に反応することも。神経質なうさぎほど、においチェックが厳しくなります。

うさぎにとってにおいは大事な情報源

● おしりのにおいを嗅ぎ合う →p.122

【背中を向ける】

SENAKA WO MUKERU

いつもなら寄って来るのに背中を向けているときは、どんな気持ちなの？

すねてそっぽを向いているか、「なでろ」アピールの場合も

飼い主さんに対して背中を向けてそっぽを向いているときは、うさぎも人と同じようにすねているのです。怒られたときや、飼い主さんに何か不満があるときなど、背中を向けて無言の抗議をしているつもりかも。

そんなときは、変にかまわないで機嫌が直るまでそっとしておくのがよいでしょう。また、飼い主さんの近くに来てから背中を向けるときは、すねているのではなく、なでてほしくてアピールをしています。

【かみつく】

KAMITSUKU

うさぎが急にかみついてきたけれど、理由がわからない。どうしてかみつくの？

恐怖心や不快感が原因。かみつくのも表現のひとつ

発情中のうさぎが興奮してかみつくことはありますが、基本的に理由もなく急にかむことはありません。目の前のものを「何だろう？」と確認するために甘がみする子や、空腹から手を食べ物と間違えてかんでしまう子もいます。

また、うさぎにとってかむことは表現のひとつ。不快なことをされたり、恐怖を感じたりすると、飼い主さんをかむことで表そうとするのです。うさぎが故意にかむようなら、毅然とした態度をとりましょう

かむ前のサインに注意！

サインを見逃さないで！

「表現のひとつ」とはいえ、うさぎの歯は研がれた包丁のような「切歯」のため、かまれると出血したり、傷つきます。うさぎはかむ前にサインを発しています。サインを見逃さず、なるべく無駄にかまれないよう注意しましょう。

1 ニラむ

ケージに手が入ってきたときなど、侵入者（手）からなわばりを守らなければなりません。そんなとき、かむ前に、侵入者に対して「いなくなれ！」とニラんできます。それでも相手に通じないと2の「葉っぱを切り刻む」サインを出します。

2 葉っぱを切り刻む

牧草などを食べずに、切り刻んで見せて「あっちにいきなさいよ！」とアピール。

3 ちょっとおどす

それでもだめだと、歯をちょっとあてておどし、それでだめだとかんできます。

【体の上に乗る】

KARADA NO UE NI NORU

床に寝転んでいたら、おなかの上にうさぎが乗ってくる。どんな気持ちなのかな？

飼い主さんの体は見晴らしがよい小丘

うさぎは、高くてまわりが見渡せる状況を好みます。飼い主さんのおなかに乗ると、見晴らしがよくなって、うさぎはゴキゲンなのでしょう。飼い主さんのぬくもりや、やわらかな感触も居心地がよく、心臓の音が聞こえるのも安心ができるのかもしれませんね。

うさぎからすれば、最高級なクッションといったところ。うさぎがおなかの上に乗ってきたら、やさしくなでて、スキンシップを楽しんでくださいね。

【オシッコをかける】
OSHIKKO WO KAKERU

飼い主さんに対してオシッコをかけるのは、好きだから？　嫌いだから？

好きでも嫌いでもオシッコをかけます

うさぎはオシッコで自分のにおいをつけてなわばりを示しますが、好きな相手にオシッコをかけ、「自分のものだ！」とアピールする習性もあるのです。

反対に「嫌なことをされた」と思った相手にも、嫌がらせとしてオシッコをかけることも。また、体臭や香水のにおいがきつい相手に対しても、オシッコをかける場合があります。

【まわりにウンチをする】
MAWARI NI UNCHI WO SURU

飼い主さんのまわりを囲んで点々とウンチをするのは、どんな意味があるの？

ウンチで自分の存在をアピール！

オシッコをかけるのと同じように、自分のにおいをつけたウンチを落とすのもなわばりの主張の意味合いが。

オシッコと同様に、好きな相手のまわりだけでなく、嫌いな相手のまわりにもウンチをします。飼い主さんのまわりを囲んでウンチをするのは、「ここにいるよ！」と、自分の存在をアピールしているのでしょう。

【抱っこしようとすると暴れる】

DAKKOSHIYOUTOSURUTO ABARERU

うさぎを抱っこしようとすると嫌がって暴れる。そんなに抱っこが嫌いなの？

うさぎは基本的に抱っこが嫌い！

抱っこというのは人間側の都合で必要なもの。うさぎには本来、抱っこでコミュニケーションをとる習性はありません。そのため、うさぎは抱っこをされると、本能的に「怖い！」と思って嫌がり、暴れます。

とはいえ、健康チェックやお手入れのために抱っこはできたほうがよいので、練習して抱っこができるようにしたいものです。

● **抱っこの極意をマスター！**

→ p.62~64

ウサギモン

Q どうして抱っこが苦手なの？

A 抱っこは、「自分より大きいものに上から掴まれて持ち上げられる」こと。うさぎにとっては、猛禽類に捕まって、運ばれるのと同じです。「捕まる＝死」と考えるのも無理はなく、なかには命の危険を感じるほどの恐怖を覚える子もいます。とはいえ、信頼している飼い主さんに抱っこされるなら、と抵抗感をもたない子、抱っこを心地よいものと感じる子も多く、抱っこの好き嫌いは、個体差とこれまでの接し方が大きいです。

【ひざをホリホリ】

HIZA WO HORIHORI

ひざの上をホリホリ掘るようなしぐさには、どんな意味があるの?

鼻でつつくよりも強めのアピール!

飼い主さんに何かしてほしいことがあるとき、うさぎはひざを掘るような動作をします。鼻でつついても飼い主さんが気づかないときに、「気づいてよ!」とばかりにホリホリしてアピールすることも。

また、ひざの上でグルーミングや抱っこをされているときに、「もうやめて、限界!」という意味でひざを掘っている、服のにおいが気になる、発情していて無性にやわらかいものが掘りたくなるなど、いろいろなケースが考えられます。

うさぎの気持ちの表現は、うさぎそれぞれで違うよ。「もうやめて〜」の表現も、やさしい子ならペロペロなめる(→ p.106)でも、別の子だとホリホリだったり、ガジガジだったりに。自分のうさぎがどのタイプの表現をする子なのか見極めてね!

【髪の毛をかじる】

KAMINOKE WO KAJIRU

髪の毛を食べているようにかじったりするけど、食べものだと思っているの？

仲間だと思って毛づくろいしている…!?

うさぎは仲間どうしで毛づくろいをする習性があります。つまり、飼い主さんを仲間だと思って毛づくろいしているのでしょう。また、髪の毛が牧草のように見えて、かじって感触を楽しんでいることも。ふわふわしているものが鼻先にあるので、「これは食べられるのかな？」と口に入れて確かめているかもしれませんね。

【カクカクする】

KAKUKAKU SURU

腕や足にしがみついて腰をカクカク。何をしているの？

発情と上下関係を示す生殖行動のひとつ

腰をカクカクと振るのは「マウンティング」と呼ばれ、生殖行動のひとつです。飼い主さんへの好きという気持ちが高まって発情してしまったのでしょう。また、うれしいことがあるとテンションが上がってカクカクする子もいます。上下関係を示すために行われることもあるので、エスカレートしないように注意して。

【急に攻撃してくる】

KYU NI KOUGEKISHITEKURU

なついていると思っていたのに急に攻撃してくるのは、わたしが嫌いになったから？

攻撃には必ず理由が！ストレスが原因のことも

うさぎは平和を愛する生きもの。パニックになっている場合は別ですが、意味もなく攻撃することはありません。つまり、飼い主さんが原因を見落としているために急な攻撃に思えるのです。

また、環境の変化があるとストレスから一時的に攻撃的になることも。変わったことはなかったか見直してみましょう。

こんなとき攻撃モードに……

ケージに手を入れたらかんでくる

うさぎにとってケージは自分のすみかであり、なわばりでもあるので、その中に手が入ってくるのは許せないこと。自分の居場所に侵入してきたものに対し、なわばりを守るためにかんでいます。

いたずらを叱ったらかんできた

叱られたら逆にキレてかんでくる子は、飼い主さんを下に見ています。怖がって接すると、うさぎはますます攻撃的になるでしょう。叱るときは「いけないものはいけない」と毅然とした態度を示すことが大切です。

本来は平和主義者なのだ

【8の字に走る】
HACHINOJI NI HASHIRU

足のまわりをグルグル8の字にくぐっているときの気持ちは？

飼い主さんに対するアピールです！

飼い主さんの足元をグルグル走り回っているのは、テンションが高いとき。外に出してもらえたことや飼い主さんが帰ってきたことを喜んでいるのです。

また、これはオスがメスに求愛するときのアピールの行動でもあり、高じてくるとオシッコをかけたりもします。うさぎは一生懸命飼い主さんにアピールをしているだけですが、興奮しすぎるようなら1回ケージに戻すなどクールダウンさせてもよいでしょう。

【なぐさめてくれる？】
NAGUSAMETEKURERU?

落ち込んでいたり、涙を流していたりすると寄ってきてくれるうちの子、優しい子なんです。

いつもと違うから様子を見に来ています

うさぎは少しの変化でも敏感に感じ取るということを説明してきましたが、飼い主さんの声の暗さや、いつもならすぐに遊んでくれるのに遊んでくれないとか、そうしたことから飼い主さんの「行動」の変化を感じ取ります。「悲しいことがあった」などと原因はもちろんわかっていませんが、いつもと同じが幸せなうさぎは、不安になって飼い主さんの様子を見に来るのです。でも、うさぎが来てくれれば気持ちも救われますよね？　結果としてなぐさめてくれてるということでOKでしょう。

うさぎどうしの コミュニケーション を見てみよう

仲よくなれるかは
うさぎ次第！

【おしりのにおいを嗅ぎ合う】

OSHIRI NO NIOI WO KAGIAU

お互いのおしりのにおいを嗅ぎ合うのは、どんな意味があるの？

見知らぬうさぎと行う個人情報の交換

うさぎはにおいを嗅いで情報を収集するので、おしりのにおいを嗅ぎ合うのは情報交換のため。人間でいうと、名刺交換をするようなもの。知らないうさぎに出会ったら、生殖器の脇にある鼠径腺（そけいせん）という臭腺を開いて、自分の個人情報がつまっているにおいを発散します。そこからお互いににおいを嗅ぎ合って、相手の性別、年齢、健康状態などの情報を読みとるのです。これはうさぎに限らず、犬や猫などの動物にもみられる行為です。

ウンチにも自分のにおいをつけて落とします。ウンチも「名刺」になるため、特に異性のウンチは熱心に嗅ぐことが多いです。

【くっつく】

KUTTSUKU

部屋の隅などの狭いところでも、ぴったりくっつき合っているけれど、もっと広々とくつろげばいいのに？

うさぎはくっつくと安心できる！

野生のアナウサギは、地中につくった巣穴の中で、生まれたときからきょうだいとぴったりくっついて暮らしています。だから本能的に、狭いところなどで寄り添っていると安心できるのです。人間の赤ちゃんが、お母さんにくっつきたがるのと同じことです。

くっつくのは仲のよい仲間どうしでなければ行われないもの。複数のうさぎがいる場合、よく見るとくっついているのはいつも同じペアだった、なんてことも！

子うさぎはケージの隅などで常にくっついて過ごしています。夏場でもくっついています。小さいころからくっついて過ごすため、うさぎによっては１匹飼いが不安という子もいます。

【毛づくろいしてあげる】

KEZUKUROI SHITE AGERU

ほかのうさぎにペロペロと毛づくろいをしてあげている……！　どんな気持ちでやっているの？

お世話をするのが好きなやさしい子なのかも！

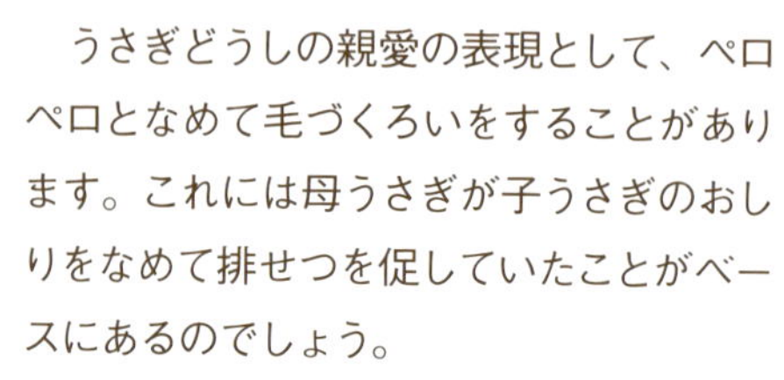

うさぎどうしの親愛の表現として、ペロペロとなめて毛づくろいをすることがあります。これには母うさぎが子うさぎのおしりをなめて排せつを促していたことがベースにあるのでしょう。

なお、毛づくろいをしたがる世話好きな子もいれば、まったくしない子もいます。自分の毛づくろいをしていて、となりの子に「ついでだから」とペロペロすることも！　個体差があるので、「こういう子なんだ」と見守ってください。

ウサギモン

Q 頭を下げて「なでて」とおねだりする子は優位なうさぎなの？

A 動物行動学だと、なめるほうがいつでも攻撃できる立場であるため「上」と考えられます。例えば、人間がなでたときスッと頭をそらして逃げる子がいますが、それは相手を「なでてよし」とは認めていないということ。「なでて」と頭をよく下げてくる子はフレンドリーな子。性格が荒ければ、人間にもうさぎにも決してなでさせてはくれないはず。

【一方的に攻撃する】

IPPOUTEKI NI KOUGEKISURU

うさぎが、ほかのうさぎを一方的に攻撃しているんだけど、何か理由があるのかな？

発情以外の攻撃では どちらかに問題が……

うさぎは本来、攻撃性の強い動物ではありません。ところが、発情しているときは、興奮して同居うさぎを攻撃する場合があります。そんなときは隔離して落ちつくのを待ちましょう。

それ以外で一方的な攻撃が見られる場合には必ず理由があり、攻撃する子とされる子のどちらかに問題があります。これには、うさぎどうしのパーソナルスペースが大きく関係しています。下の図を参考に観察してみてください。

うさぎのパーソナルスペース

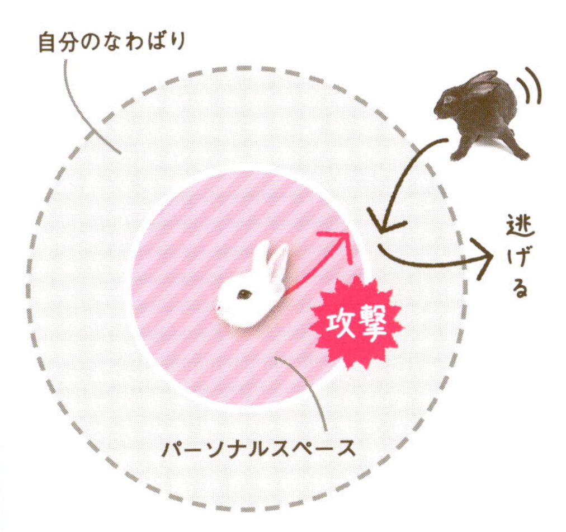

「これ以上近づかれたらイヤ」というパーソナルスペースは、人間同様うさぎによって異なります。自分のごく身近なのか、ケージ内なのか……うさぎによって違いがあり、そこを越えて侵入してきた場合は、追い出そうと攻撃します。パーソナルスペースの外に侵入したうさぎが逃げればセーフですが、もし、「部屋全体が、オレのスペース」といううさぎが相手であれば、逃げ場がなく部屋の中をグルグル回ることに。その場合、どちらかを抱き上げて追いかけっこをやめさせて、別々の部屋で過ごさせましょう。

【マウントする】

MOUNT SURU

異性間でマウントするのと同性間でマウントするのでは、どんな違いがあるの？

異性ならば愛の表現、同性であれば順位づけ

異性のうさぎどうしでマウントするのは、生殖行動によるもの。「大好き！」という気持ちが高まって行われる愛の表現です。避妊・去勢をしていないと妊娠する可能性があるので、注意しましょう。

同性どうしでマウントをしている場合は、自分が優位であることを示すために行われています。こちらもエスカレートしてしまうと危険。飼い主さんが介入して引き離すなど、対処を。

ウサギモン

Q うさぎは何歳から何歳まで妊娠が可能なの？

A 一般的にうさぎは、オスは6か月くらいから、メスは4か月くらいで、性成熟に達します。小型種のほうが性成熟は早いです。お迎え後1、2か月で性成熟を迎えますので、繁殖をさせないのであれば、オス、メスは早めにケージを分けましょう。オスは5、6歳まで、メスは4歳くらいまで繁殖は可能ですが、純血種だと1歳を過ぎたメスの初産は高齢出産となりリスクが高くなるので避けたほうがよいでしょう。

ママ〜

【シンクロする】

SYNCRO SURU

いっしょにお水を飲んだり、牧草を食べたり、行動がシンクロするのはどうして？

もっもっもっもっもっ

同じ空間にいると無意識にシンクロ！

うさぎは環境の変化を好まず、まわりと同化して毎日同じ生活を送ることを望んでいます。そのため同じ空間にいると、無意識に同調して同じ行動をとることがあります。いっしょに水を飲んだり、ごはんを食べたりといった日常の行動を共有することで安心感を得るのです。

なお、長くいっしょにいるうさぎほど行動パターンが似てきて、シンクロ率が高くなると考えられています。

ウサギモン

Q 足ダンもシンクロするの？

A 足ダンやパニックも含め、無意識にシンクロする可能性はあります。しかし、飼い主さんがうさぎたちに信頼されていれば、それも少ないでしょう。例えば、1匹が何かを感じて足ダンをしても、飼い主さんが平気な様子なら、そこを基準に「なんでもなさそうだ」とうさぎが安心できるからです。

【鼻をくっつける】

HANA WO KUTTSUKERU

うさぎどうしで鼻と鼻をくっつけ合っている。ラブラブなのかな？

お互いのにおいを嗅いでようすをうかがっているだけ

顔を寄せ合っているので仲よく見えるのですが、お互いのにおいを嗅ごうとして鼻と鼻がくっつくほど近づいているだけ。鼻はうさぎの急所でもあるので、かみつかれないように警戒しながら、すぐに引くことができる体勢で相手のようすをうかがっているのです。

仲のよいうさぎどうしの場合、鼻ではなく、口のまわりについたにおいを確認していることがほとんどです。

【急に仲が悪くなる】

KYUNI NAKAGA WARUKUNARU

それまではずっと仲よしだったのに、急に仲が悪くなっちゃった！　どうして？

うさぎどうしの関係は一生同じとは限らない

小さいころは仲がよくても、ずっとその状態が続くとは限りません。思春期を迎えれば自我が芽生えてきて、独立心も生まれます。すると、好き嫌いなどにも変化が生まれるのは当たり前のこと。残念ですが、相性はうさぎが決めることなので、見守るしかありません。うさぎも人間と同じように歳をとるにつれ性格が丸くなるので、中年期や高齢期になってから仲よしに戻るケースもありますよ。

なお、個体差はありますが、オスどうしよりは、メスどうしのほうが、あるいはオスとメスのほうが比較的仲よくできる可能性大！

うさぎ格言

うさぎには、
過去も未来も関係ない
大切なのは今！

昔のことは
振り返らないのさ♪

愛うさぎはどのタイプ？

うちの子キャラクター診断

4つのキャラタイプの中で、愛うさぎにぴったりのものがわかります！

START

YES → NO - - →

抱っこをあまりイヤがらない

食事の好みがはっきりしている

イヤなことをされると、怒ったり無視をしたりする

家の外でも比較的落ちついていられる

来客中はあまりケージから出てこない

目を閉じ、横になって眠る姿を見せてくれる

ケージをかじることが多い

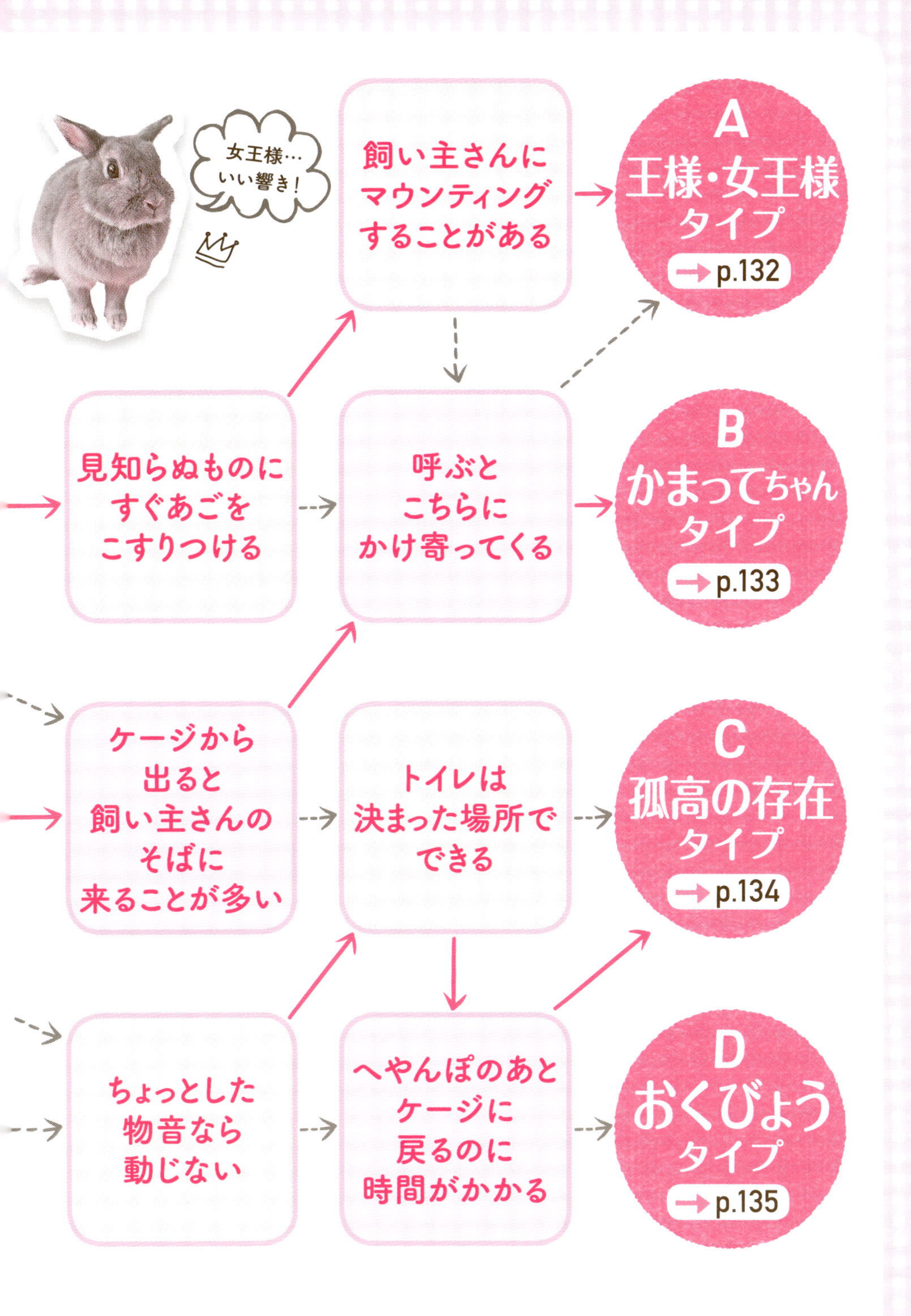
女王様…
いい響き！
飼い主さんに
マウンティング
することがある
A
王様・女王様
タイプ
→p.132
見知らぬものに
すぐあごを
こすりつける
呼ぶと
こちらに
かけ寄ってくる
B
かまってちゃん
タイプ
→p.133
ケージから
出ると
飼い主さんの
そばに
来ることが多い
トイレは
決まった場所で
できる
C
孤高の存在
タイプ
→p.134
ちょっとした
物音なら
動じない
へやんぽのあと
ケージに
戻るのに
時間がかかる
D
おくびょう
タイプ
→p.135

診断結果

わたしが世界の頂点!!

A 王様・女王様タイプ

自分をリーダーだと思っているふしが…!

自由奔放でワガママ、自分の思いどおりに事が運ばないときは足ダンなどで「イヤよ!」と思いっきり表現! 「家族の中でいちばんえらいのはわたしよ!」と、まさに"王様・女王様"のように振舞うのがこのタイプの特徴。なわばり意識が強い子が多く、お家を守るリーダーを務めているつもりなのでしょう。なお、リーダーには、群れ(家)のルールを決める役割があるので、飼い主さんの言うことを聞いてもらうのは至難の業かも。

元気いっぱいで人を怖がらず、外出先でも堂々と過ごせる子が多いです。比較的、ストレスを感じにくい性格といえます。

もっと仲よくなるには?

うさぎの体に飼い主さんのあごを乗せてみて!

度が過ぎると、飼い主さんの言うことをまったく聞かない傍若無人なうさぎになるかも。ワガママが過ぎる子には、飼い主さんがうさぎの体にあごを乗せ(マウンティング)、こちらに主導権があることを示すのも一案です。

診断結果

そばにいてくれなきゃイヤッ！

B かまってちゃんタイプ

世界の中心は飼い主さん、あなたです…！

飼い主であるあなたのことが大好き♥ 甘えん坊で、つねに飼い主さんといっしょにいたいタイプで、名前を呼べばこちらに来る、へやんぽ中は飼い主さんにべったりになるなど、「愛されてる〜！」という感覚にメロメロになってしまうはず。ペットうさぎとしての資質がもっとも高いタイプです。ぜひ、毎日いっしょに遊んであげてください。

ただし、ほかのうさぎや人にヤキモチをやいたり、気を引くためにワガママになったりすることも！　また、留守番ができない子に育ってしまうケースもあるので、かまい過ぎにはご注意を。

もっと仲よくなるには？

ラブラブタイムは時間を決めること！

ついつい甘やかしたくなりますが、ここは飼い主さんもグッと我慢。いっしょに過ごす時間にメリハリをつけましょう。「1日1時間は思いっきりラブラブする！」などのルールを決め、習慣として覚えてもらうとGOOD。

診断結果

我が道をゆく…

C 孤高の存在タイプ

まるで一匹狼！　孤独を愛するロンリーうさぎ

　まわりのことは気にしない！　自立心があって我が道をゆく性格で、うさぎですが“一匹狼”のような孤独を愛するタイプです。ワガママではありませんが、飼い主さんに甘えてくることも少なく、常に一定の距離感を保とうとします。ある意味、もっとも「うさぎらしい」うさぎといえるでしょう。
　そんなうさぎのペースに合わせて放っておきすぎると、まるで同居人のように、関係が希薄になってしまいます。そういった関係を望んでいるのならよいのですが、もしもっと仲よくなりたい気持ちがあるなら、少しずつ距離を縮めましょう。

もっと仲よくなるには？

まずはうさぎの興味を引くことからスタート！

　仲よくなりたいなら、まずはうさぎが好きなものを見つけて。好きなおやつ、遊び方、おもちゃなどを把握すれば、ともに過ごす時間をつくりやすくなるはず！「飼い主さんといっしょも楽しいな」と思ってもらいましょう。

診断結果

いつもビクビク、ブルブル…

D おくびょうタイプ

怖がりだけど、おだやかでやさしい性格

うさぎはとても警戒心が強い動物です。そのなかでもひと際警戒心が高く、常にビクビクしているのがこのタイプ。ちょっとした物音にビクッ、知らない人がいるとケージから出てこないなどが見られ、飼い主さんに心を開くのにも時間がかかる子が多いでしょう。慣れない環境が負担になるので、うさんぽなどの外出は難しいかも……。

ですが、このタイプはおっとりしていてやさしい性格の持ち主。ゆっくりと信頼関係を築けば、最高のパートナーになってくれます。やさしい愛うさぎに、飼い主さんもほっこりした気持ちになれるはず！

もっと仲よくなるには？

時間をかけてうさぎの警戒心を解こう

後ろから声をかけると驚かせてしまうかも。正面から近づき、手から野菜やおやつを与えてみましょう。まずは手になれてもらう→なでられるようになる……など、段階を踏んでいくと、スムーズに仲よくなれますよ。

こんなサインに要注意！

病気・ケガを見極めよう

そのサイン、うさぎの「助けて」という声かも……!?　病気・ケガの可能性がある「うさ語」を覚えて、日々の健康チェックに役立てましょう！

ささいな不調を見逃さないようにしよう！

うさぎは、楽しさや怒りと同じように、つらさや痛さのサインも発信しています。しかし、そのサインはとても慎ましいもので、どんなに気をつけていても見逃してしまいがち。うさぎの時間は、人間と比べてとても早く進んでいます。「様子を見よう」としたその1日で、病状が進んでしまうことも珍しくありません。

日ごろの元気なときの様子を観察し、些細な変化に気づけるようにしてください。また、右ページのチェックポイントを観察し、少しでも「おかしいな」と思ったら、自己判断せず、動物病院を受診しましょう。

ウサギモン

Q うさぎは病気を隠すってホント？

A うさぎは肉食動物の獲物となる「被捕食動物」でした。自然界では、弱みを見せた者からターゲットになってしまうため、うさぎは痛みやつらさを隠そうとする習性があります。つまり、目に見えて「体調が悪そう」と認識したころには、すでに症状がかなり進んでしまっている可能性があるのです。

うさぎの健康チェックポイント

耳

- □頭をしきりに振ったり、後ろ足で耳の後ろをかいたりしていない？
- □耳の中はきれい？

- □目が澄んでいて、にごっていない？
- □目やにや涙が出ていない？

- □鼻水が出ていたり、くしゃみをしていない？

口元

- □前歯が変な形で伸びていない？
- □食べ物は上手に食べられる？
- □よだれは出ていない？

おなか

- □おなかは張っていない？

皮膚

- □しこりはない？
- □部分的にはげていない？
- □かゆそうにしていない？

足

- □足の裏は毛が生えていてきれい？
- □足を引きずったり、床につけなかったりしない？
- □開脚していない？

☑ここもチェック!!

□排せつ物

正常なウンチは、丸く大粒で、割ったときに毛などが混じっていないもの。下痢をしていないか、またオシッコはきちんと出ているか確認しましょう。

□食事の量

同じ「食べない」でも、食欲の有無によって、隠れている症状は異なります。好物を鼻先に近づけ、興味をもつか確認してみましょう。

□動き

うずくまっていて元気がなかったり、耳を背中につけたままじっとして動かない場合は危険信号。また、顔が傾いていないかも確認を！

気になる症状は次のページをチェック！→

目が曇っている、目やにや涙が出ている

健康で元気なうさぎの目は、澄んでキラキラとしているもの。どんよりと曇っていたり、目を細めていたりする場合は体に不調が隠れている可能性大。目を細めるのは、痛みを我慢しているサインでもあります。

また、目やにや涙が出ていたりする場合は、スナッフルや結膜炎などの可能性が、目が白くなっている場合は白内障の可能性があります。いずれも、ただちに動物病院を受診しましょう。

考えられる病気・ケガ スナッフル、結膜炎や角膜炎、白内障などの眼性疾患、体の痛み　など

予防するには？

白内障以外の眼病の多くは、不衛生な環境が原因となることが多いです。飼育環境は常に清潔にしましょう。

鼻水が出ている、くしゃみをする

鼻水が出ていたり、鼻から異音が聞こえたりする場合、パスツレラ感染症などにかかっているかも。

なお、鼻水の色が透明のときは、軽く拭いて1時間ほど様子を見て。乾いているようなら心配ありません。1時間後に再び濡れていたり、色がついた鼻水が出ている場合は病院を受診したほうがよいでしょう。

考えられる病気・ケガ スナッフル（パスツレラ感染症）　など

頭を振る、耳をかく、耳の中が汚れている

健康なときの色や温度を把握しておくことが大切。ふだんより白っぽくて冷たい場合は寒すぎる可能性が、赤みが強くて熱くなっている場合は熱中症などの危険があります。

また、耳をかゆがっていたり、耳が汚れている場合は、外耳炎や内耳炎、神経症の可能性が。すぐに動物病院へ向かいましょう。

考えられる病気・ケガ 耳ダニ症などの外耳炎、内耳炎、熱中症　など

口元　前歯のかみ合わせが悪い、よだれが出る

口元の病気で、いちばん気をつけなければならないのが、歯が変に伸びてしまう不正咬合です。可能なら唇をめくって、かみ合わせがしっかりしているか、歯が変な伸び方をしていないか確認してみましょう。

また、よだれで濡れている場合も、歯に異常があって食べ物をうまく食べられていない可能性があります。

考えられる病気・ケガ　不正咬合など

皮膚　しこりがある、はげている、かゆがる

皮膚の健康管理は、まずは外見の毛づやを目視でチェック。その後、全身を触ってしこりがないかを確認しましょう。脱毛していたり、皮膚が赤くなっていたりする場合は、皮膚疾患の可能性が。

また、フケや小さなゴミが出ている場合は、ノミやダニがついているかもしれません。

考えられる病気・ケガ　湿性皮膚炎、皮膚糸状菌症、脱毛、ウサギツメダニ症、ノミ、シラミ、ソアホック　など

おなか　触ったときに張っている

おなか（消化管）の病気でもっとも気をつけなければならないのが、消化管うっ滞です。おなかを触ったときに、力んで張っている場合や、わき腹がへこんでいる場合は要注意！　同時に食欲の低下や、下痢、軟便、排せつ量の減少などが見られることも。

うさぎは「1日腸を動かさないと死んでしまう」といわれるほど、消化管の働きが重要な動物。様子を見ず、ただちに動物病院へ向かって。

考えられる病気・ケガ　消化管うっ滞　など

予防するには？

繊維質が豊富な牧草をたっぷり食べることが何より大切。また、うっ滞は毛を飲みこむことも要因になるので、こまめにブラッシングをしましょう。

足を引きずる、開脚する、足の裏がはげている

足を引きずっていたり、床につけられなかったりする場合は、骨折や脱臼など、ケガをしている可能性があります。また、爪が伸びすぎていると、引っかけてケガをする危険があるので、こまめにチェックしましょう。

皮膚のところでも触れましたが、足の裏も確認を。毛がハゲている場合、ソアホックと呼ばれる皮膚炎の可能性が高いです。

考えられる病気・ケガ
ソアホック、骨折、脱臼、エンセファリトゾーン症 など

予防するには？
こまめな爪切りや、ケガをしづらい環境づくりを徹底しましょう。ソアホックは肥満が原因にもなるので、体重管理もきっちりと。

ウンチに毛が混じる、下痢をする、血尿が出る

排せつ物のチェックは、消化管など体の中の症状を知るために必須です。ウンチが急に小さくなったり、下痢や軟便が出たりする場合は、消化管に何らかの異常がある可能性大。ただちに動物病院へ。

また、ウンチは割って中も確認を。毛が混じっている場合、毛を大量に飲みこんでいる可能性があります。

考えられる病気・ケガ
消化管うっ滞、コクシジウム症、子宮・卵巣疾患、尿石症 など

牧草やペレットの摂取量が減った

牧草やペレットの摂取量が減るのには、いくつか原因が考えられます。ひとつ目は、消化管うっ滞や腸閉塞など、消化機能に障害が起きている可能性。もうひとつは、不正咬合により、食べ物が食べづらくなっている可能性です。なお、単なる好き嫌いの可能性もあるので、観察して原因を見極めてください。

考えられる病気・ケガ
不正咬合、消化管うっ滞、腸閉塞 など

動き うずくまって元気がない、体が傾いている

うさぎは不調を隠す動物。野生下でうずくまって動けなくなっていては、すぐに命を失うことになりますよね？　そのため、「動けない」はかなり症状が深刻化していると考えられます。熱中症や尿石症など、命に関わる可能性もあるので、様子を見ず、一刻も早く動物病院へ向かってください。また、体が傾いている場合は斜頸（しゃけい）と呼ばれる神経系の病気かも。放っておくと悪化するので、この場合もただちに動物病院へ。

考えられる病気・ケガ	熱中症、斜頸、尿石症 など

予防するには？

熱中症は温度管理の徹底、尿石症は正しい食生活で予防できます。斜頸の原因はさまざまですが、清潔な住環境、正しい食生活などで病気のリスクを減らしましょう。

うさぎの老化のサインを見逃さないで！

快適に過ごせるように飼い主さんがサポートを

いつまでも小さく、愛らしいうさぎですが、一般的に５歳くらいから老化がはじまります。若いころとの違いは、毛づやが悪くなる、足腰が弱くなる、病気しがちになる、動きがのんびりになる、おしりが汚れやすくなるなどさまざま。

老化により、これまでできていたことができなくなったり、体が思うように動かなくなるのは当たり前のこと。うさぎの老化を受け入れ、そのうえで、愛うさぎが快適に過ごせるよう、飼い主さんがサポートしてあげてください。

For You…

この本を読んでくださったあなたへ

うさぎは、キモチをしぐさや行動にのせてストレートに表現します。その表現のしかたはさまざまで、彼らの性格や育ってきた環境、さらに飼い主さんの性格なども影響します。

この本では、うさぎの基本的なしぐさについて解説しています。飼い主さんが、彼らが表現するシグナルを読み取っていただけるヒントを、たくさん詰めこみました。うさぎには、表現が豊かな子もいれば、大人しい子もいることでしょう。まずは17ページの「はじめの予備知識7か条」を十分理解し、うさぎと距離をもって、客観的にうさぎのことを考える練習をしていただきたいです。

「うさ語辞典」を読んでくださった方は、どのような感想をお持ちになったでしょうか？　知らなかったことや知っていたこと、思っていたより単純な理由だったり、反対に複雑な理由だったり……。いろいろな発見をしていただければ、と思います。ぜひ、うさぎと深く心を通わすきっかけの本として、また困ったときに開く本としてご活用ください。

そして、うさぎを愛し、末永く仲よくしていただければうれしいです。

らびっとわぁるど　**中山ますみ**

らびっとわぁるど
中山ますみ

1級愛玩動物飼養管理士、うさぎ飼育トレーナー、ケアアドバイザー。ホリスティック・ケアカウンセラー。オーストラリア留学中に生物学などを専攻し、帰国後も野生動植物の生活や行動を学ぶ。現在は、東京都杉並区の「らびっとわぁるど」のオーナーを務めながら、うさぎ専門誌での執筆やうさぎの飼育に関するセミナーを主催している。

らびっとわぁるど
東京都杉並区成田東 4-1-26

カバー、グラビア撮影協力
Tiny rabbit
埼玉県朝霞市本町2-20-9
048-203-6060

SPECIAL THANKS

☆本書は、学研発行の『うちのうさぎのキモチがわかる本』で取材させていただいたうさぎさん&飼い主さまのお写真を使用させていただいております。取材で出会ったすべてのうさぎさん&飼い主さまに感謝!

うさ語辞典

2017年5月30日　第1刷発行
2019年2月26日　第4刷発行

発行人	鈴木昌子
編集人	長崎有
編集	日笠幹久
本文・カバーデザイン	島村千代子
写真	清水紘子／宮本亜沙奈／横山君絵／布川航太／田辺エリ／あおきたかし
執筆協力	東裕美、鈴木理恵子
イラスト	井口病院
本文DTP	株式会社ノーバディー・ノーズ
発行所	株式会社　学研プラス 〒141－8415 東京都品川区西五反田2－11－8
印刷所	凸版印刷株式会社

●この本に関する各種お問い合わせ先
本の内容については　Tel 03-6431-1516（編集部直通）
在庫については　Tel 03-6431-1250（販売部直通）
不良品（落丁、乱丁）については　Tel 0570-000577
　学研業務センター　〒354-0045 埼玉県入間郡三芳町上富279-1
上記以外のお問い合わせは　Tel 03-6431-1002（学研お客様センター）

©Gakken

本書の無断転載、複製、複写（コピー）、翻訳を禁じます。
本書を代行業者等の第三者に依頼してスキャンやデジタル化することは、たとえ個人や家庭内の利用であっても、著作権法上、認められておりません。

学研の書籍・雑誌についての新刊情報・詳細情報は、下記をご覧ください。
学研出版サイト　https://hon.gakken.jp/